ZUODAOWEI
GENGYAOSHUODAOWEI

做到位更要说到位

◉ 男人征服世界的秘密 ◉

做到位 更要说到位

ZUODAOWEI
GENGYAOSHUODAOWEI

男人在这个社会上生存，首选要征服的就是这个世界，征服世界才能获得地位，获得尊重，获得自己想要的一切。

男人不仅要埋头苦干，更要抬头说话，埋头苦干只能得来苦劳，而抬头说话才能换来功劳！

一个成功男人的奋斗史，通常伴随着一张会说话的嘴。

一个男人，要想成功，踏实苦干是基础，适当说话是关键。

一个只知道苦干、实干的男人也能取得成就，但是往往不能取得自己应有的成就。原因就在于自己有些话没有说，或者有些话说错了。

事情需要做到位，因为这是说话的基础；但事情做到位，而没有说到位，算不上一种完美。

踏实苦干是基础，适当说话是关键
——男人要想征服世界，仅仅靠双手、靠智慧、靠关系是不够的，——
必须得用上自己的嘴巴才行！

ZUODAOWEI
GENGYAOSHUODAOWEI

做到位更要说到位

男人征服世界的秘密

华业 ◎ 编著

这个世界上成功的男人，
除了有能力、有关系等这些成功人士必备的因
素外，通常还有一张会说话的嘴！

当代世界出版社

图书在版编目（CIP）数据

做到位更要说到位：男人征服世界的秘密/华业编著. –北京：当代世界出版社，2010.1

ISBN 978 – 7 – 5090 – 0604 – 7

Ⅰ.①做… Ⅱ.①华… Ⅲ.①男性 – 成功心理学 – 通俗读物

Ⅳ.①B848.4 – 49

中国版本图书馆 CIP 数据核字（2009）第 234876 号

责任编辑：朱　磊

出版发行：当代世界出版社
地　　址：北京市复兴路 4 号（100860）
网　　址：http：//www. worldpress. com. cn
编务电话：(010) 83908400
发行电话：(010) 83908400（传真）
　　　　　(010) 83908408
　　　　　(010) 83908409
经　　销：全国新华书店
印　　刷：北京嘉业印刷厂印刷
开　　本：710 × 1000 毫米　1/16
印　　张：15
字　　数：240 千字
版　　次：2010 年 2 月第 1 版
印　　次：2010 年 2 月第 1 次
印　　数：1 ~ 5000 册
书　　号：ISBN 978 – 7 – 5090 – 0604 – 7
定　　价：28. 00 元

俗语说："好马出在腿上，好人出在嘴上。"虽然会有很多人不赞同这句话，甚至会有人跳出来说："行动比语言更响亮。""语言只不过是叶子，行动才是果实。""少说话，多做事，才是男子汉。"我不能否定这种论断也有一定的合理性，但是，富兰克林曾经说过："说话和事业的进展有很大的关系，是一个人力量的主要体现。"

正如我们不能否定实干的重要性一样，我们也一样不能否定口才、说话的重要性。在当今社会男人想要轻松地获得自己的社会地位，成功地实现自己的人生理想，光是会做，还是远远不够的，做到位，更要说到位，男人才可以在当今社会如鱼得水，左右逢源。

如果你留意，你就会发现，在当今社会，事业蒸蒸日上、职位节节拔高、钱包越来越鼓、女人越来越爱、房子越来越大、轿车越来越豪华的男人，哪一个不是能说会道的人呢？

语言是人与人之间的纽带，是人与人之间沟通感情的桥梁。纽带质量的好坏，桥梁搭建的合适与否，直接决定了人际关系的和谐与否，进而会影响到男人事业的发展以及人生的幸福。尤其对男人来说，卓越的口才、有技巧的说话方式，不仅是增加自身个性魅力的砝码，更是在事业上披荆斩棘的利剑。

前言
FOREWORD

一个能说会做的领导，带领自己的团队，在波涛汹涌的商海中安然远行。

一个能说会做的职员，在激烈的职场竞争中，能一帆风顺，步步高升。

一个能说会做的谈判者，能够语惊四座，以精彩绝伦的话语赢得胜利。

一个能说会做的男人，能把琐碎的家事安排的有条不紊，为心灵搭建一个幸福的港湾。

一个能说会做的男人，能巧妙的处理好同事关系，在和谐的环境中愉快的工作。

一个能说会做的男人，能把自己心爱的女人哄得团团转，把自己的父母抚慰得心里舒坦，把自己的孩子调教的谦谦有礼……

所以说男人能说会道不为耻，相反唯有能说会道的男人才更容易搭上别人的顺风车；唯有能说会道的男人才更容易找到成功的捷径；唯有能说会道的男人才更容易钻进人情的空子，才更容易从大局上统筹自己的人生；也只有这样的男人才可能在社会上要风得风要雨得雨，才可能更顺利地创出一番事业。

所以男人在埋头苦干的同时，不妨在做到位的前提下，好好研究一下说话的艺术。本书语言通俗、事例生动、贴近生活，读完之后一定会让你有所收获，有所感悟，对你的生活和工作也会有一定的帮助。

ZUODAOWEIGENGYAOSHUODAOWEI NANRENZHENGFUSHIJIEDEMIMI

做到位更要说到位 男人征服世界的秘密

目 录

目录
Contents

第四章　能做会说有人帮,只做不说遭人挤 ………………(81)

　　闷头做事容易,但又能做好事情,又有好口才难。有的人说起话来头头是道,每一句话都能说到别人的心坎里,让人心情愉悦,成为他的好朋友;而有的人嘴"太臭",处处揭人伤疤,惹人厌烦。说话是一门艺术。男人在说话的时候,要先看好对象、时间和场合,注意说话的分寸,否则吃亏的就是自己。

第五章　能做会说天地宽,只做不说苦到底…………………(109)

　　那些只是闷头做事的员工一般很难得到老板的赏识,不是工作不够努力,而是没有推销自己的好口才。现在要在职场上闯出

目录
Contents

一番事业,男人除了实际的动手能力,还离不开好的口才。俗话说"十分生意七分谈",好口才是成功的必备能力。说话要看对象,揣摩听者的心理,观察对方的反应,工作做起来才能游刃有余。

美国总统罗斯福曾经说过:"成功的第一要素是懂得如何搞好人际关系。"的确,在现实生活中,对于男人来说,朋友资源就是一种无形的资产,它自身虽然不是财富,可是没有它男人就很难聚敛财富。但是,男人要赢得朋友不仅要靠将心比心地表现真诚和友谊,还要靠嘴来更好地与朋友进行交流和沟通。因为在现代这个社会,沟通胜过拳头,人脉决定输赢。

第七章　能做会说有人爱，只做不说太木讷

　　每个女人都有一颗七窍玲珑心，她们天生娇气、敏感、多疑、脆弱、多情，一个不懂女人心思的男人，怎么能赢得女人的芳心，抱得美人归呢？一个只懂得为女人付出真情而不懂得怎么去讨好女人的男人，虽然最后有可能获得爱情女神的垂青，但是那些能说会道的男人则更容易获得女人的关爱。

第八章　能做会说才幸福，只做不说要孤独

　　在我们的日常生活中，夫妻之间，婆媳之间，亲子之间，都需要彼此真诚相待，真心真意地去为对方付出。同时，彼此间的交流和沟通异常重要，没有沟通，就没有理解，没有理解，就会缺少宽容，没有宽容，就会降低爱的质量，爱的质量降低了，生活就不会幸福。在家庭生活中仅凭一双手只能"孤芳自赏"，而不能让家庭的花园"百花盛开"。所以，我们需要手口并重，巧妙地将二者结合，才能在家庭生活中得心应手、游刃有余、生活幸福。

第一章

能做会说马到成功，只做不说事事成空

　　能做会说的男人，在生活工作中犹如坐上电梯，在追求成功的路上能轻松顺利地实现自己的理想，而一个只会做事不会说话的男人，要想取得与前者一样的成果则往往需要付出比前者更多的汗水和努力。

1. 只会做不会说的人是老黄牛，能做会说的人是机灵猴

——男人不但要会做，还要会说

有些男人在单位勤勤恳恳、埋头苦干了很多年，依然是个小职员，而有的人到了单位没多长时间就被领导器重、赏识，并获得了提拔。为什么那些"小年轻的"都得到了重用，而你老实工作好多年领导却不闻不问？其关键就在于看你是否善于说话，是否善于在恰当的时间与领导交流。

三百六十行，行行需口才。无论我们从事什么样的工作，善于说话、会说话都是非常重要的。法国大作家雨果曾经说过"语言就是力量"，的确如此，在社会生活中，一个人是否具有良好的口才，是否会说话，成就与境遇那是大不相同的。

在外贸公司工作的王先生近一段时间来比较郁闷，几个月前，公司进行人事调动，那些原来和自己能力、业绩不相上下的同事被提升到另外的部门做主管，前段时间刚进来的一个新员工也被调到了比较好的岗位，但他却是一没升职二没加薪，而且是一个人干了两三个人的活。通过与王先生的几次交流，我发现他实际上是一个很有才气的人，但就是性格有点内向、敏感，且不够自信。他平时只顾着埋头苦干，很少与上司去沟通、交流。有些同事曾经也提醒他要多在老板面前表现表现自己，使领导对他有所重视，但他却不以为然，反而觉得这样有意的与领导接近不是很好，认为只要自己把领导安排的工作认认真真的做好了，老

板自然会看到。

在职场中，像王先生这样不明不白地"雪藏"自己的人恐怕还不在少数吧？

在职场中，有两种人是注定要失败的，一种就是那些像狐狸一样，耍奸打滑，不踏踏实实干活，一天到晚不务正业，异想天开的人；另一种就是想像黄牛一样，一天到晚就知道埋头苦干，却只有自己知道的人。

上文中的王先生就和老黄牛有点"连相"，一厢情愿地认为"老板的眼睛是雪亮"的，"老板的心里会有数"，只要自己把工作做好了，他就一定能够看在眼里，记在心上，升职、加薪也即是很顺利的事情。但是老板也有患"近视"的时候，想象一个公司可能有十几、几十甚至上百、上千号人，如果不去创造机会在领导面前"亮"出自己，走到领导的视线之内，老板怎会发现你的优秀和才干而对你加以关照和提拔呢？正所谓"酒香也怕巷子深"，一名员工，要想早日出人头地，获得更好的发展空间，就得想办法得到老板的赏识，表现自己，有技巧的向老板推销自己。

精明强干而又善于言辞的人，总是在努力的寻找一切机会，争取与老板面对面的交流，在交流的过程中，把自己的亮点不着痕迹的一一透露出来，从而得到领导的肯定与认可。

小军在一家文化公司搞策划，因为他的业务能力强，工作又十分努力，所以每一份策划方案从最初的设想到最后的定型，几乎都是他在挑大梁。一个方案下来，经常是几天几夜地泡在工作室里，直至最后审核通过。但是小军知道，在老板眼里，每一个设计方案都是整个策划部努力的结果，体现不出他个人的才华和能力。为了能够让自己超出旁人几倍的压力与辛劳的工作被老板知道和认可，小军都一直在找机会。

终于有一天，小军与老板在电梯间"不期而遇"。从一楼到三十二层，时间非常的充足。看看老板心情不错，小军有意无意地打开了话匣子：

"刘总，昨交上去的策划方案您看过了吗？"

老板："不错啊，我觉得那个方案很有创造性，尤其是XX处很吸引人。"

小军："刘总您的眼力果然厉害，当初做这个方案的时候，这个地方真是颇费了一番脑筋的，本来……，不过……，结果……"

老板："听你说得有条有理，头头是道，莫非 XX 是你的主创喽？"

小军面带微笑地说："我也是吸取、整合了大家的好点子之后，形成的这个创意……"

老板心领神会地点点头。

两个月之后，小军的工资与原来相比翻了两番。

记得有位作家曾经说过这样一句话："是人才不一定会说话，但是会说话的人必定是人才。"今天的社会是一个竞争十分激烈的社会，如果一个人拥有"会说话"的能力就往往能收到事半功倍的效果，获得意想不到的成功。而那些笨嘴笨舌、说话能力差的人就容易被人冷落遗忘，从而也就会使自己失去很多机会。

2. 没有那金刚钻儿，就别揽那瓷器活
——做不到的事，不要乱说

有些男人，为了满足自己的虚荣心，显摆自己，总爱夸大自己的能力。虽然他们也知道自己并不能处理好那些事，但还是乱许诺，其结果不但事情没办成，反而还会失去别人的信任。古人说"君子一言，驷马难追"，老百姓也说：说出去的话，泼出去的水。这些无非都是要告诉我们做人要言而有信，要做一个值得

大家信赖的人。

对于一个男人来说什么是最大的资本？不是所谓的金钱和权力，而是信用，就是让所有的人都觉得你是一个可以值得信赖的人。孔子说："人而无信，不知其可也"，意思就是说如果一个人不讲信用，是绝对不行的。对于那些讲信用的人来说，他们在许下诺言的那一刻就会告诉自己一定会实现，不会因为任何的外在因素而改变自己的许诺。因而，当我们答应别人事情的时候，一定要慎重的考虑自己的能力，不能随口乱说，逞一时之快。

李玉柱的女儿今年考上一所重点大学，这可是李家的第一位大学生，全家人都很高兴，可是离开学的日子越来越近，学费还没有凑够，这可是愁坏了李玉柱。情急之中他想到了好友王春前段时间跟他讲贩药材挣了些钱，于是李玉柱就向王春借钱，并保证等地里的庄稼卖了立马就会还上，没想到李玉柱一跟王春说，王春就很快答应了，说："你的孩子就是我的孩子，这事你就不用管了，钱孩子什么时候走你什么时候来拿就行了。"看到王春答应的这么爽快，李玉柱也就再没说啥，心里踏实了许多。眼看开学的时间就到了，李玉柱再一次登了王春的门，可王春却说："老李啊，真不好意思，前几天我小舅子急需用钱，我媳妇就给他了，我最近也缺钱，要不你再想想其他的办法？"当时的李玉柱很失望的对王春说："你一个大老爷们，说话怎么不算数！"这事以后，两人就再也没有来往过，多年的友谊也就因此事而结束了。

信任是人与人之间心灵沟通的纽带，是人与人之间一座无形的桥梁，当别人失去了对你的信任，你身边的人就会觉得与你已经再也无法沟通和相处了，而你也将会被慢慢的孤立起来。王春和李玉柱多年友谊的终结，就是因为王春的失信。所以，与人交往要切记认真的对待一切，绝对不能大意，更不可失信于人，否则你的损失将是无法弥补的。

刚刚退休回到乡下的李师傅，看到邻居老王头儿平时没事的时候在家上网解闷儿，就准备自己也买一台电脑，闲的时候上上网，可是自己对电脑了解的又不多，再说乡下买电脑也不方便，于是便托了在城里做买卖的一位朋友，让他帮着自己买一台。朋友千方百计的把电脑买来，并给他专门运到了家里。但是李师傅的老婆却又不想要了，说这电脑和她外甥前几天买的品牌型号是一样的，但价钱却贵了好几百，觉得吃了亏。但李师傅说："我当时都跟人家说好了，不管什么价格，只要质量好，买来就行。如果咱们说话不算数，以后哪个朋友还敢跟咱打交道！"李师傅觉得虽然多花了几百块钱，但是心安理得，他对老婆说："我们虽然损失了些钱，但是我们换来了朋友的信任，信任能用金钱来衡量吗？这钱虽然损失了，但值得！"

李师傅的做法很对，他知道信守承诺对一个人的意义有多大。试想，如果李师傅听了老婆的话没有去要那台电脑，那么这个损失价格会由自己的朋友去付出，朋友不辞辛苦、费时费力的帮助他，最后还落了个这下场，他会怎么想呢？可以想到的是，这位朋友以后肯定不会再帮李师傅的忙了，并且这件事如果被其他人知道，可能其他的人也不会再帮李师傅了。

助人为乐是一种优秀的品质，当他人遇到困境需要帮助时，每个人都应该伸出援助之手。但是当你决定帮助别人之前应该首先考虑一下自己有没有"助"的能力，如果自己就是"泥菩萨"，又怎么能救人呢？老子说"夫轻诺必寡信"，意思是讲一个轻易许诺的人必定是一个很不守信用的人，可见遵守诺言对于一个人来说是多么的重要。因此，在生活中做人做事，一个真正的男人都要"言必行，行必果"，做一个对自己说的话负责的人，说到做到。

3. 打人不打脸，骂人不揭短

——伤人的话，不能说

生活中，人们常常会遇到这样一种情况：一句有礼貌、文明的语言可以止息一场争吵，而一句野蛮、无礼的话语则可能导致一场轩然大波。俗话说"良言一句三冬暖，恶语伤人六月寒"，讲的就是这个道理。

每个人都有着不同的成长经历，自身都会有一些缺陷、弱点，也许是生理上的，也可能是隐藏在内心深处的不愿被人知的秘密。这些都是他们的"痛处"，这些都是他们不愿提及的"疮疤"，尤其是在公共的社交场所他们会极力隐藏和回避这些问题。试想如果有一天自己的"痛处"被别人击中，那是一件多么痛苦的事。

记得看过这样一则小故事：一头熊在与同伴的搏斗中受了重伤，它来到一位守林人的小木屋外乞求得到援助。守林人看它可怜，便决定收留它。晚上，守林人耐心地、小心翼翼地为熊擦去血迹、包扎好伤口并准备了丰盛的晚餐供熊享用，这一切令熊无比感动。

临睡时，由于只有一张床，守林人便邀请熊与他共眠。就在熊进入被窝时，它身上那难闻的气味钻进了守林人的鼻孔。"天哪！我从来没闻过这么难闻的味道，你简直是天底下第一大臭虫！"

熊没有任何语言，当然也无法入眠，勉强地挨到天亮后向守

林人致谢上路。

多年后一次偶然相遇时，守林人问熊："你那次伤得好重，现在伤口愈合了吗？"

熊回答道："皮肉上的伤痛我已经忘记，心灵上的伤口却永远难以痊愈！"

当自己一直想要隐藏的"痛处"被人毫无顾忌的击中，每个人的心里都是十分难受的。守林人的那句"话"深深地刺痛了熊内心深处那最敏感的神经，使它原本脆弱的心灵再一次遭到了重创。虽然只是一句话，但说话的语气、形式、内容不同，引起的结果也是很不相同的。

亮子是一个服刑中的囚犯，在一次服劳役修路时，捡到两千多块钱，他就立即把钱交给监管警察。可意想不到的是，那位警察却满脸鄙夷地对他说："用这种小花样来讨好我，是不是想减刑啊，你啊，没救了，安心的在这呆着吧！"听了对方的这些话亮子心如死灰，觉得自己的世界、自己的前途已经彻底破灭了。当天晚上，他越狱了。在逃亡中，他肆意抢劫，并登上开往边境的火车。车厢里十分拥挤，亮子不得不站在厕所门口。正巧有一位十分美丽的姑娘如厕，关门时发现厕所的门坏了，她很有礼貌地对亮子说："先生，你能为我把门吗？谢谢你！"亮子当时愣住了，看到姑娘那天真无邪的脸，他庄重地点了点头。他站在厕所门口就像一名忠诚卫士，为姑娘把门。也就因为姑娘这句话，亮子改变了主意，在列车的下一站到当地的派出所投案自首了。

一句粗暴的话，差点让亮子那良知尚存的心灵彻底毁灭；而一句充满信赖的话语，又使他正在沉沦的灵魂得到拯救。《菜根谭》中有句话："不揭他人之短，不探他人之秘，不思他人之旧过，则可以此养德疏害。"老百姓也常说"打人不打脸，骂人不揭短"，每个人都会有自己的心里忌讳，都有别人不得触及的"禁区"。人们常说瘸子面前不说短、胖子面前不提肥、"东施"面前不言丑，这些通俗的话就是告诉我们让人失意的话应尽量地避而不谈，这是一种处理人际关系的技巧问题，更是对待生活在我们身边的人的态度问题。生活中有些男人说话尖酸、刻薄，每句话都让人感到冷漠，但这种男人一般都是比较孤独的，他们没有真正的朋友，他们的事业也不会取得太大的成功。

人不会孤独的生存在这个世上，更不会与人隔绝过世外桃源的生活。所以在人与人的交往中一定要注意言谈举止，说话要多以和气、谦逊、赞美为主，而不要恶语相加，这样别人才会欣然接受你，才会与你真正的沟通。

4. 女人爱衣服，男人爱面子
——男人和男人说话，也要给点面子

"头可断，血可流，男人的面子不可丢"，一句看来很搞笑的话，却透露了男人爱面子的天性。对于绝大多数男人来说，"面子"比什么都重要，甚至于超过了自己生命的重要性。因此，男人之间的交流中，要注意维护对方的面子，不要让他觉得在人前"丢脸"。

中国男人爱面子是出了名的，这可能是由于受传统观念的影响，中国的男人常常被赋予"兴国富家"的重任，而这种重任又进一步增强了他们的自尊感和成就欲，养成了他们爱面子的秉性。因而在现实生活中，与人交往，尤其是在跟男人交流时要注意说话的方式、场合，要给男人点"面子"，不要让他觉得下不了台。

晓帅和崔鹏是大学的好友，也是老乡，大学毕业后，晓帅在县城的一所中学当了老师，而崔鹏则继续深造，考上了另一所大学的研究生。临近毕业的时候，崔鹏回到了家里，想在离家比较近的市里或县里找一份工作，可令崔鹏郁闷的是由于今年的就业形势比较严峻，跑了好多单位都是无功而返，正巧那天在县城里遇到了晓帅和他的一帮同事，晓帅问道："哥们，最近忙啥呢，我们的大研究生？"崔鹏不好意思的回答道："也没忙啥，最近一段时间在忙着联系工作。"晓帅听了笑着说道："不会吧，研究生都找不到工作，那还不如不上呢，现在的大学生可比咱们那会儿多多了，那会儿考上研究生的时候不是挺高兴的吗？现在糗了吧，呵呵。"崔鹏的脸当时通红，觉得很羞愧，随意的说了一句还有事情就匆匆离开了。此后，崔鹏几乎不再跟晓帅联系了。

小帅的一番话着实让崔鹏觉得自己很没有"面子"，让崔鹏的自尊心受到了伤害，而晓帅得到了什么，或许他只是用一种嘲笑的口吻满足了一下自己的虚荣，可他失去的却是一个真正的朋友。人生一世，不如意之事十之八九，每个人都可能遇到不顺心的事情。当看到身边的人失落的时候，我们不是要嘲笑或当众戏弄他们，让他们颜面扫地，下不了台，而是应该去尽量的帮他。

前段时间小王所在的公司召开了一次职工代表大会，会议的指示精神是员工积极发言，对目前公司的规章制度和运营方式提出自己的意见。当天的小王在会上是特别的兴奋，当轮到他所在的营销部发言的时候，小王积极的举手争先发言，在会上小王说公司目前的许多规章制度都不规范，这是公司决策层的失误，在说到他们经营部时他更是滔滔不绝，说他们营业部门的管理方面存在很大的问题，急需改革，这让坐在主席台参加会议的营销部主任十分的难堪。像小王这样，不顾及领导的面子，"直言极谏"，小王的后果是可以预料的，没多久他就被解雇了。

每个人都有虚荣心，都好面子，尤其是男人。"面子"是男人的底线，也许它包含更多的是虚荣，但是男人们宁可承受巨大的伤痛和委屈，都要去维护他们认为对自己来说最重要的事情。

男人在社会生活中充当着一个很活跃的角色，在同事间、朋友间、亲人间，处处为自己争面子，他们希望得到别人的恭维、赞美、羡慕，使自己的自尊心和虚荣心都得到满足。

在日常生活的交往中，如果我们说话不经脑子思考，不顾及男人的面子，就会破坏你们之间的交往，甚至还会引起冲突。"男人的面子就如同女人的超短裙，容不得有半点闪失"，所以说跟男人说话，要注意男人的面子。

5. 心急吃不了热豆腐
——着急的话，慢慢说

人一遇到着急的事情就容易情绪激动，说话也就会变得结结巴巴，语无伦次，不但是自己的意思表达不清楚，还很有可能说错话，导致别人的误解，使自己陷入尴尬的境地。如果遇到急事能静下心来不紧不慢地说，不仅可以把话说清楚，而且会使听者觉得你是一个稳重的、成熟的男人，自然也就赢得别人的尊敬与信任。

生活中，经常会看见这样一些男人，他们一遇到事情就显得特别的急躁，说事情就感觉他恨不得把所有要说的话都一下子从自己的嘴里吐出来一样。但是，他们越着急就越表达不清楚自己究竟想要说些什么，等自己好不容易表达完了，听者却不知道你半天说了个什么意思。

男人一般不喜欢办事拖拖拉拉，但是有些事情并不能按照自己所想的那样去做。

比如，有一天你正好有时间准备陪妻子去逛街，你已经出门好几分钟了，妻子还坐在那里慢慢的化妆打扮，你一着急说：

"行了，别再往脸上涂了，就你那张老脸，已经够吓人的了，还真想把自己变成外星人啊，快点快点！"也许你的本意是好的，希望妻子速度快点，可想想你刚才说的那些话，妻子听了会高兴吗？很可能由于你的这句话使妻子生气，让原本愉快的外出计划破产。

如果你换一种说话的语气和方式，对妻子说："亲爱的，不要再打扮自己了，这么漂亮的女人出去走在街上，要是别人争着抢你，估计还要引起世界大战呢，我看，我们还是快点吧，要不等待会出去所有的商场都该打烊了。"这样说的话，试想她肯定会特别高兴的抓紧速度，挽着你的胳膊出发。

又比如说，清早你赶着去上班，可昨天晚上做的公司报表，你找了半天怎么都没有找到，于是就对妻子大喊道："我昨晚做的报表在哪里呢，赶紧帮我找找，快点，你啊，什么忙都帮不上。"这时的妻子有可能在给孩子收拾去学校用的东西，也有可能在收拾碗筷，让你自己找，你的火气加上你刚才跟妻子说的那些难听的话，将有可能引发一次争吵。

人在着急的时候，说话常常会很随意，口不择言，这样很有可能伤害到你身边的人，或者引发一些不必要的冲突。而在大多数情况下，着急通常会使我们语无伦次或者说错话，引起别人的误解。

记得有一则笑话：一天，小刘去赶集。在路上，他看见了同村的张大爷。张大爷这个人总爱说教别人。这点，小刘很清楚。可凑巧的是，张大爷正好和他面面相对。小刘出于怕他说教，只得去和他打招呼。可他却不知道说什么好，猛然便想起张大爷有个孙子，今年十多岁了。他心想就问这个事吧，可能是因为太急了，他张口就说了一句话，张大爷十分生气瞪了他一眼，就走了。等他说完才回过味来，他也恨不得抽自己两个嘴巴。他本想说的是："大爷，您孙子十几了？"可他因着急说的是："孙子，你大爷十几了？"

俗语讲"欲速则不达"、"心急吃不了热豆腐"，就是说心急图快反而会适得其反达不到目的。男人应该有涵养，不能急躁冲动，这样在工作生活中才可能赢得更多的人的认可和敬重。所以，遇到比较着急的事，应该首先稳定一下自己的情绪，使自己的心情平静下来，按部就班的说话，只有这样才能使你遇到的问题尽快得到解决。

6. 让对方听出话中有话

——讨厌的事，对事不对人说

作为男人，在现实生活中如果遇到自己讨厌的人和事情，切忌去直接严厉的批评对方，因为这样做，不仅会显得自己没有素养，也会给自己树立起很多敌人。当然，你无动于衷，选择沉默也不行，该说的还要说，只要你对事不对人巧妙地说，对方可能会更容易接受。

在人际交往中，时常可能会听到一些自己不喜欢、觉得很刺耳的话。于是，你对某人进行直接批评，可是想想，谁又愿意被人当面指责呢，你的话很有可能会引来他毫无顾忌的顶撞，最后的结果只能是大家都不愉快。

在歌剧院看晚会的现场，张浩的视线完全被前面一位少妇所戴的高顶帽子给挡住了，于是，张浩对在他前面的那位少妇说："您的帽子挡住我的视线了，请您摘下帽子。"可是，那位少妇连头都不回一下。

"喂，请你摘下帽子，知不知道你的后面还有人呢！"张浩怒气冲天的说道，"为了这张门票，我花了六十几块钱呢，我可不想什么都看不到！"

"是吗？为了这顶帽子，我花了六百多呢，我要让所有的人都看它。"那位少妇懒洋洋的说道，依旧是坐在那里一动不动。

张浩觉得这个少妇简直就是无理取闹，于是怒火中烧，大声嚷道："岂有此理！岂有此理！你是神经病啊，还有没有点公共道德了？"那位少妇听到这话也就跟张浩吵了起来，结果张浩的晚会也没有看好，还生了一大堆闲气。

人都是有自尊心的，对方之所以不愿意接受你的批评和建议，主要是由于你的话已经触伤了他的自尊心和荣誉感。因此，当我们在给他人批评和建议时，如果能找到一种含蓄委婉的方法，反而更能达到使其改正错误的目的。

在现实生活中，时常会看到一些人在批评别人的时候老说这样一些话，如"我从未见过像你这样把事情弄得如此糟糕的人"或"你这个人真差劲！"、"你是不是有什么毛病呢"等。这些带有侮辱性的言辞，只会激起对方的对抗心理和反驳，而这样不仅不利于对方认识错误，改进工作，还可能会激化矛盾。

刘三儿是黄龙镇的泼皮无赖，一天早晨，他正在门口吃饭，忽然看见一位老大爷骑着毛驴哼哼呀呀地走了过来。于是他就起了愚弄这位大爷的念头，他大声喊道："嘿，来吃点饭吧。"大爷连忙从驴背上面下来，说："谢谢你的好意，我已经吃过早饭了。"可是刘三儿嘲笑说："我没问你呀，我问的是毛驴。"说完得意地一笑。

大爷觉得我以礼相待，却反遭这个无赖的侮辱，是可忍，孰不可忍。他非常生气，可是要与无赖刘三儿对骂，觉得又有失身份。于是大爷抓住对方刘三儿的语言的破绽，进行狠狠的反击。只见大爷照准毛驴脸上啪啪抽了两巴掌，骂道："出门时我问你镇子里有没有亲戚，你说没有，不是亲戚为什么人家会请你吃饭？"接着又对准驴屁股踢了两脚，说："看你这只牲口以后还敢不敢乱说话。"说完，翻身上驴，扬长而去。

从上面这则小故事可以看出这位大爷反击的高明之处，既然你以你和毛驴说话的假设来侮辱我，我就姑且承认你的假设，借教训毛驴，来嘲弄你自己建立和毛驴这个牲口的"朋友"关系。他既为自己出了口气，同时又避免了直接与无赖刘三儿的争吵。每个人都时常会说自己讨厌谁，其实我们应该知道，自己讨厌的并不是这个人，而是这个人所说的一些话或者是所做的一些事情。因此当在生活中遇到这些令人比较讨厌的事的时候，如果你要批评他，首先要记住，你批评的是他的过错行为，而不是他这个人。

王品飞的行为处事都过于关注细节，作为管理者的杜辉觉得自己的员工不应该老在一些细节上费工夫，于是就希望王品飞能改正忽略大局、过于计较细枝末节的毛病，于是他对王品飞这样说道："我知道你办事一向认真周到，凡是每次交给你的任务，我都很放心。但如果你能从整体上把握办事的方法和方向，你的工作会更出色。"

想想如果杜辉说："王品飞，你一个大男人，老是爱在那些鸡毛蒜皮的事情上下功夫，改改你的这种臭习惯。"王品飞听了以后会有什么样的想法，换做是自己又会有何感受呢？

因而，如果想要去批评一个人或改变他，而又不想惹火他，只要换一种方式，就会产生不同的结果。在公共场所，如果一定要批评的话，可以旁敲侧击地暗示对方。因为对他人正面批评可能会毁损了他的自信，伤害他的自尊，如果你旁敲侧击，对方也会理解你用心良苦，他不但会接受，而且还会感激你。巧妙地用"弦外之音"暗示一下他人的错处，使他产生一种压力，让他觉得你是话中有话，但并不过分，"点到为止"就可以了。

7. 马有失蹄，人有失足

——补救口误的话，及时说

俗话说得好"马有失蹄，人有失足"，在工作、生活的交往中偶尔说错话是常有的事。如何弥补是极为关键的，切忌大乱方寸，让自己"一错再错，越描越黑"。当发现自己说错话时，应该稳定自己的情绪，及时补救。

在日常的交际生活中，无论你是一个名人，还是一个普普通通的老百姓，都免不了有时会说错话。这些口误可能发生在任何场合，形式也会多种多样，但造成的结果却极为相似：成为别人的笑柄或成为人们茶余饭后的笑料或者当场就激怒对方等等。因而及时的补救就显得尤为重要，为了使自己的错误及时的得到补救，不至于影响自己的人际关系，最为重要的是要掌握一定的纠错方法。

有一次，美国总统里根访问巴西，由于旅途疲乏，年岁又大，在欢迎宴会上，他脱口说道："女士们，先生们！今天，我为能访问玻利维亚而感到非常高兴。"有人低声提醒他说漏了嘴，里根忙改口道："很抱歉，我们不久前访问过玻利维亚。"

尽管他并未去玻利维亚，但当那些参加宴会的人还没来不及反应时，他的口误已经淹没在后来的滔滔大论之中了，这种将自己的口误及时掩饰的方法，在一定程度上避免了当面丢丑，不失为补救的一种有效手段。

与里根总统相比，福特总统的做法就不敢恭维了。在1976年10月6日，在福特总统和卡特共同参加的为总统选举而举办的第二次辩论会上，福特对《纽约时报》记者马克斯·佛朗肯关于波兰问题的质问，作了"波兰并未受苏联控制"的回答，并说"苏联强权控制东欧的事实并不存在"。这一发言在辩论会上属明显的失误，当时遭到记者立即反驳。但反驳之初佛朗肯的语气还比较委婉，试图给福特以改正的机会。他说："问这一件事我觉得不好意思，但是您的意思难道是在肯定苏联没有把东欧变为其附庸国？也就是说，苏联没有凭军事力量压制东欧各国？"

福特如果当时明智，就应该承认自己失言并偃旗息鼓，然而他觉得身为一国总统，面对着全国的电视观众认输，绝非善策。结果付出了沉重的代价，刊登这次电视辩论会的所有专栏都纷纷对福特的失策作了报道，他们惊问："他是真正的傻瓜呢？还是像只驴子一样的顽固不化？"卡特也乘机把这个问题再三提出，闹得天翻地覆。

同时央视名嘴朱军也因一时的口误和自己的"固执"引发了一场"家父门"风波。在一期《艺术人生》的节目里，朱军在节目进行过半时，请上毛泽东的嫡孙、毛岸青的儿子毛新宇，上台讲述爷爷奶奶的往事。毛新宇刚一落座，朱军立即语气深痛地说："不久前，毛岸青去世了，首先，向家父的过世表示哀悼。"

此语一出，观众哗然。有人说朱军文化素质不高，作为公众人物应该注意自己的言辞等等，一场"家父门"就此开始。

众所周知，家父、家母，是对自己父母的尊称，当称呼对方父亲时，应该用"令尊""令尊大人"，称呼对方的母亲，则是"令堂"。这是中国儒家文化传下来的礼教，已经传用了几千年。每个人总可能因一时的着急或知识的欠缺而说错话，这本也无可厚非，及时承认错误也就没什么事了，可惜朱军从一开始就试图为自己的错误掩饰，结果是越解释越乱，越描越黑，以至于有好多观众要他"下课"。虽然最后朱军也通过媒体向观众道歉了，但是如果他当时发现自己的错误后能立即改正，就不会经历这样一场"家父门"的风波了。

在一次朋友的婚宴上，来宾济济，争向新人祝福。同事胡鹏激动地说道："走过了恋爱的季节，就步入了婚姻的漫漫旅途。

感情的世界时常需要润滑。你们现在就好比是一对旧机器……"
其实他本想说"新机器",却脱口说错,令举座哗然。一对新人
更是不满溢于言表,因为他们都各自离异,自然以为刚才之语隐
含讥讽。胡鹏的本意是要将一对新人比作新机器,希望他们能少
些摩擦,多些谅解。但话既出口,若再改正过来,反为不美。他
马上镇定下来,略一思索,不慌不忙地补充一句:"已过磨合
期。"说了这句话后,举座称妙。胡鹏继而又深情地说道:"新郎
新娘,祝愿你们永远沐浴在爱的春风里。"顿时,大厅内掌声雷
动,一对新人早已是笑若桃花。

胡鹏这招将错就错的说话技巧用的可真是令人拍案叫绝。错话已经出
口,无法更改,怎么办?索性顺着错处继续说下去,从中巧妙地改变寓
意,使原本尴尬的失语化作了深情的祝福,同时又透露出两人坎坷的情感
之旅,不得不叫人拍手称快。

《晋书·阮籍传》中有这样一个关于阮籍的故事,说有次在
朝会时,一官员来报告儿子杀母亲的事,阮籍听后直接不假思索
地说:"哎呀,杀父亲还可以,怎么竟然杀母亲呢?"在座的都怪
阮籍"失言",司马昭问他:"杀父,天下之极恶,而以为可乎?"
阮籍认识到自己言语的失误,开口解释道:"各位大人不要误会
我的意思,我是说禽兽往往只知其母,不知其父,杀死父亲就如
同禽兽一般,而杀死母亲,就连禽兽都不如了。"这一席话说出,
众人无可辩驳,想治阮籍罪的司马昭也无把柄可抓,阮籍也因此
避免了一场杀身之祸。

人在现实生活中,总有说话不当或做事不当的时候,不管你是谁,遇
到这种境况,最重要的就是镇定自若、处变不惊,积极寻找措施来补救。
如果方寸大乱,口不择言,将会严重影响你与他人的沟通交流。

8. 说者无意，听者有心

——对待小人，防备着说

俗话说"害人之心不可有，防人之心不可无"，现实社会是很残酷的，人心不古，性情复杂，一个男人要想只身闯荡社会，为自己打拼一番事业，就要处处小心谨慎，尤其是要注意自己的言行，小心"祸从口出"。

在现实生活中，每个人都可能会遇到一些无聊的烦心事、琐碎事，于是总想找个人来聊聊，或许你只是想发发牢骚，以排遣一下自己的压力，或许你只想找人聊聊，打发一下闲散的时光。你并没有打算要去刻意的说谁或去伤害谁，但是往往说者无意，听者有心，很有可能你向他倾诉的那些"心里话"，将有一天会成为你生活中的礁石，阻挡了你前进的道路。

办公室主任老王是一个脾气比较暴躁的人，有一次老王在没有问清楚事情原由的情况下就对下属张强发脾气，这使得张强觉得很委屈。下班后，正好同事李勇请他喝酒，在喝酒的过程中，李勇说："老王今天太过分了，老是动不动的发脾气，你也别往心里去，咱是好哥们，没事……"听李勇这么一说，张强刚刚平复的心情一下子又乱了，猛的喝了一杯酒说："你说这事怎么可以怪我呢？平时什么事情都是我安排下面的人去做，做事情总得有个过程吧，他一想起这件事就要结果，叫我怎么办？"

李勇赶忙安慰道："哎，谁让人家是主任呢，主任不高兴了，说不定这个月奖金就没有了，还是忍忍吧。"张强一听这话，就觉得更加委屈了："怎么忍啊？不弄清楚事情就乱骂人，谁能受得了呢，别看王主任他在我面前耍威风、摆架子，那天我看到他跟一个年轻的女人走在一起，还很暧昧，一定是在外面包养的小情人，哼，都啥岁数了，也不看看自己的身体！一天到晚就知道骂我们这些下属，什么破领导。"

李勇听了这番话后没有说什么，淡淡的一笑。三天后，张强突然接到通知，让他收拾一下东西，去郊区的储运部清点仓库。张强怎么会突然间被调到储运部去呢？原来李勇跟王主任的关系很好，所以，张强在喝酒时毫不防备的"倾诉"，虽然只是发发牢骚，脱口而出，也没有什么其他的意思，但是被李勇这么"原盘子原碗"的、一五一十地讲给了王主任听，这事对王主任来说可不是小事。那么，张强被调走也就是不可避免的事了。

老于世故的男人，对人总是唯唯诺诺，可以不说的，他们总是三缄其口。因为他们知道在现实生活中，有正人君子，也有奸佞小人。说不定你无意的一句话，会成为他们"害"你的把柄。因而，吐露心事的时候，一定要慎重的选好倾听对象，尤其要注意那些与自身利益有冲突的人，因为你的心声有一天可能会成为他们对付你的"杀手锏"。

吴凯在一家公司负责人事工作，由于人事部是协调公司内部员工之间关系的，所以有些问题也让吴凯感到非常的棘手。

一天下午，公司的黄星在酒吧里遇见了喝的烂醉如泥的吴凯，黄星说："呦，老吴，怎么喝成这样了，我送你回去吧。"一脸醉意的吴凯说："哎，你不知道我有多难啊……"黄星连忙附和："知道，知道你挺不容易的。"心想赶紧把老吴送回去得了，但心里也觉得有点别扭，因为前段时间黄星曾经找吴凯帮忙人事调动的问题，但被吴凯回绝了。

黄星正琢磨这事的时候，只听见吴凯醉醺醺的说："上次你托我调动工作的那件事，不是不想帮你啊。这不老钱的闺女、老何的外甥都想要，老钱的官又比我大，官大一级压死人啊，这个名额本来就是给你准备的……"黄星听到这里气往上冲，没想到自己申请调动工作失败是因为老钱闺女的原因。

第二天，黄星就气冲冲的闯到老钱的办公室去理论，越说越生气，两人最后都吵了起来，黄星激动的说："昨天吴凯喝酒的时候什么都跟我说了，你狡辩啥。"

没过几天，吴凯就接到了公司的调职信。原因就是因为吴凯酒后失言，吐露了公司人事安排的秘密，还引起了老黄和老钱的纷争，破坏了工人间的团结。

这件人事调动的工作是在背地里进行的，见不得光，黄兴难压心头怒火，倒霉的自然是吐露出秘密的吴凯了。

每个人都有自己的秘密，这些秘密可能是自己的私事、也可能与公司的事有关，你无意之中说给了同事，很快，这些秘密就不再是秘密了，这件事一旦传出去，将会对你极为不利。还有，如果你把你的秘密一旦告诉的是一个别有用心的人，他虽然不可能在公司进行传播，但在关键时刻，他会拿出你的秘密作为武器回击你，使你在竞争中失败。

古人云"逢人且说三分话，未可全抛一片心"，的确是为人处世的金玉良言。有句话叫做"祸从口出"，所以一定要知道什么话该说，什么话不该说，对什么人应该说什么样的话，这些都要自己心里有数。害人之心不可有，防人之心不可无。一旦中了小人的圈套为其利用，后悔就来不及了！所以，对待小人，一定要防备着说。

9. 有口不难言

——自己的难处，暗示着说

　　男人，应该善于把自己的难处和苦衷巧妙地说出来，而不是去死扛硬撑，因为那样不但会给自己带来很大的压力和不便，万一你处理不好事情反而会失去别人对你的信任和尊重。所以，有难处就说出来，不要"打肿脸充胖子"。

　　每个人都有着自己各个方面的难处，当别人要求你或请求你做什么事情的时候，直接拒绝和勉强答应都不是上上之策，最好的办法应该是巧妙地说出自己的难处，让对方知难而退。

　　杨明是公司的一名中坚干部，最近负责一项权责以外的工作，弄得头昏脑涨。因为是第一次经手工作，不明白的地方很多，所以常在思考上花费很多时间，导致工作进度很慢。偏偏在这个时候，上司又要求他去参加拓展业务的研讨会。

　　杨明不自觉地就用比较强烈的口气拒绝说："不行啊，我现在根本就没时间参加什么研讨。"

　　上司听后，似乎心头也起了一把火，很不满地说："好吧，那从此以后就不再麻烦你了！"

　　很明显，杨明的言辞上有不妥之处。遇到这样的情况，首先要先将上司的请求当做指示、命令。在这种情况下，如果你不留余地地拒绝，上司肯定会发火恼怒，而且也会让上司觉得很没有面子。

　　面对这样的境况，首先要按捺住一时的冲动，"冲动是魔鬼！"当拒绝

别人的要求时，最忌讳的就是直接跟对方说"不"。就杨明的事例来说，当上司要求他去做某件事时，即使真的没时间和精力，也要按捺住当时的心情，然后再委婉地拒绝："真对不起，我虽然很想去，可是我现在正被一项新工作搞得头昏脑涨，所以您看……"

如果你因一时冲动说了令对方难受的话，一定要及时的弥补，做好善后处理工作。上面的例子中，杨明已经伤害了上司的自尊心，就要马上表示歉意，比如他可以对上司说："对不起，我被工作搞得脾气太大了……"一般情况下，当下属低头道歉时，上司都会对自己的举动表示反省。只有这样你才可能让自己与上司的关系重新好起来。

当由于个人原因真的再没有精力和能力去应付其他工作时，一定要告诉上司你的实际情况，并向他保证会尽力将正常的工作处理好，但超额的工作应付不了。而且在上班时要表现出极高的工作热情，提高工作效率。

几个打工的老乡找到了住在城里的宁飞，诉说打工的艰难，一再说住店住不起，也找不到合适的房子，其言外之意就是要在宁飞这里借宿。

宁飞听后马上暗示说："是啊，城里比不了咱们乡下，住房可紧了。你就拿我来说吧，这么两间鼻窟窿大的房间，住着三代人。我那上高中的儿子，晚上只得睡沙发。你们大老远的来看我，不该留你们在我家好好地住上几天吗？可是做不到啊！"几个老乡听后，也就再没有说什么，坐了一会儿，也就知趣地走开了。

一般说来，别人求你办什么事情，是因为他们相信你有这个能力帮他们，对你抱有很高的期望，如果是举手之劳的事，想必谁都不会拒绝，但是觉得真的有难处，就应该把自己的难处委婉的说出来。在明白老乡的来意之后，宁飞并没有直接拒绝，而是从侧面切入，暗中点明了自己的意思，不失为一种聪明的做法。

一天晚上，单位的一个同事来孙乐家串门儿，孙乐的妻子热情招待，很有礼貌地端果倒茶。这位同事在孙乐家说这说那，谈天论地，快到十一点了都没有要离开的意思。孙乐的孩子很快就要期中考试了，要早点休息，孙乐的妻子明天还要上班，也十分的疲倦。但是，这位同事此时说得正酣，也不好直接请客人出门，怎么办呢？

孙乐挠了挠头说："哥们儿，最近我老婆的身体不太好，吃过晚饭就想睡觉，咱们是不是说话稍微轻声点？"这句商量的话其实在传播一个十分明确的信息：你的高谈阔论影响我太太的休息，你最好还是少说一点。

"有朋自远方来，不亦乐乎"，与好友促膝长谈，论天说地，也可增加两人之间的友谊，确实是人生的一大乐事。但是，在现实生活中时常会有与此截然相反的情况出现。比如下班后吃过饭，你希望能静下心来看看书或做点事，但总有些不请自来的"好聊"分子来扰你清静。不想接待吧，人家已经登上门来了，直接下逐客令不免会伤感情，陪他们聊天吧，可他们没完没了说的那些你一点都不感兴趣，有时候这样勉强自己就觉得是一种煎熬。

在这种情况下，怎么办呢？最好的对付方法就是：运用巧妙的语言将"逐客令"说得美妙动听，做到两全其美，既不挫伤好说者的自尊心，又能让其知趣。你可以用婉言柔语来提醒、暗示滔滔不绝的人：主人并没有多余的时间来与他闲聊。与冷酷无情直接拒绝的方法相比，这种方法更容易让对方接受。

比如："现在我正好有点时间，咱们可以聊一会儿，但等会儿我就要赶紧把我手头的工作弄完，领导催得很紧。"这句话的含义就是：我很忙，最好聊上一会儿就赶紧走开，不要再来打扰我。

再比如："最近儿子忙着复习考试，睡的比较早，咱们是不是说话稍微轻声点？"这句话的商量口气其实在传播一个十分明确的信息：你的高谈阔论影响我儿子的休息，你最好还是少光临为妙。

男人一定不要勉强自己，当面对自己无法办到或很难办到的事情时，一定要向对方讲明你的道理，明确的委婉的加以拒绝。这样对方也会理解你，不至于以后总"麻烦"你了。

10. 把话说到他的心坎上

——安慰人的话，温暖的说

人生之路坎坷不平，当我们身边的朋友或亲人遭受到挫折的时侯，去帮助、安慰他们使他们脱离困境是我们的责任。然而安慰也是有艺术性可言的。恰当的安慰就会如寒冬里的一把火，给人送去温暖；而不当的安慰不仅不能帮助对方，反而会使他更加痛苦。

"只要人人都献出一片爱，这个世界将变成美好人间"，很难想象，如果在这个苍茫大地上充满了冷漠、无情，那将会是怎样的一种情景。只有生活中充满着温暖、爱、同情，人才会对这个世界充满温情，充满希望。所以，当有一天我们看到身边的人遭遇生活的苦难和挫折的时候，请献出您的一份爱心，哪怕仅仅是几句安慰的话，也有可能温暖他冰冷的心，使他忘记痛苦，继续前行。

当好友生病了，你到医院或家中看望他，也许你会这样安慰他说："不要着急，安心休息，你不久一定会康复。"你很可能会认为这种安慰方式很不错，但是从说话的技巧来看，你的安慰不过是一种善意的祝祷，却不能算是安慰。

"安心休息，你不久一定会康复。"如果这句话出自医生之口，那么对于病人来说应该是世界上最动听的语言，但是作为朋友的你，说这样的话安慰他，对于他来说是毫无意义的。人在生病期间会听到很多很多类似的安慰语言，有时候会觉得这些话很烦，如果你能把这些"俗套子"换成外边有趣的新闻，或者一些幽默的话题，让他从你的探访中得到一点愉快，不把他作为一个病人来聊天，这就是给他最大的安慰了。也许他可能不会记住你说的安慰话，但是你的探访一定会给他带去喜悦。要提醒的是，绝对不要直接问病人的详细病状和调治方法，如果你真想了解，可以问他的家人。不要以为你直接询问病情是表示你的关心，那样做可能会让他更加担心自己的病情而不高兴。

如果你真想说几句安慰他的话，千万不要做出一副同情他、怜悯他的样子，因为没有几个人愿意接受别人的怜悯，你越是同情他、怜悯他，他就会越觉得自己的疾病是一种痛苦。在这种境况下，你不妨可以试试相反的方法。如果好友的病情不是很严重，不妨对他说："你真幸运，我也想生点小病，好安静地在床上休息几天。"听了这样的话，他会想到自己忙碌的工作，或许会因为自己生病而能好好休息一下感到一点欣慰。

当亲朋好友的亲人不幸离世时，我们要安慰他。而安慰死者家属最好的方法就是不要提及死者，让家属尽量忘记那些无可挽回的不幸，这对家属来说就是最妥善的安慰。富兰克林曾经说过这样几句话："我们的友人和我们都像被邀请到一个无限期的欢乐筵席中。因为他较早入席，所以他也会比我们先行离席。我们是不会如此凑巧地同时离席的。但当我们知道我们迟早也要像他一样地离开这筵席，并且一定会知道将在何方可以找到他时，我们为什么对于他的先走一步而感到悲痛呢！"如果在安慰死者家属的过程中，能让他悟到生与死的真理，使其从痛苦中解脱，那么我们安慰的目的也就达到了。

胡凯的女儿刚刚参加了高考，这是人生中最为重要的一次考试，是孩子人生的关键时刻，是全家希望的焦点所在，几乎全家都在为高考而奋战，但是成绩出来后胡凯的女儿却因几分之差与心目中的重点大学失之交臂，胡凯非常沮丧。此时，作为他的同事，热心的你该怎样安慰他呢？

同事李如松，进公司不久，年轻热情，主动性强。见胡凯这么沮丧忍不住安慰说："老胡啊，不要难过了，其实考不上重点大学也不是什么绝望的事情，是金子到哪儿都能发光，你看我上的也不是重点大学，现在不也挺好吗？"

同事张茂才，人近中年，阅历丰富。见胡凯沮丧，安慰道："我说老胡啊，你的感受我能理解，你看，你们全家尤其是孩子花了那么多心血备考，考不上确实很可惜，但也别太难过了，还是想想看有没有其他办法，看看有什么亲朋好友认识学校的人，说不定有办法让孩子能读上重点大学呢。别急别急，办法总比困难多。"

如果你是胡凯，你会比较喜欢哪个人的安慰呢？两位同事的安慰都是出于善意。李如松的安慰属于消极对比的安慰，而张茂才的安慰属于积极进取的安慰。相对于李如松来说，老张的安慰更给了被安慰人一些积极的希望，就算胡凯最后没能找到解决女儿读大学的方法，相信他也是非常感谢老张的。

好的动机不一定会产生理想的效果，但是如果要想使自己的安慰达到较好的结果，不至于产生副作用，就需要掌握一些安慰的策略和尺度。

对于很多人来说，看到别人的伤痛与挫折是件很痛苦的事。他们经常会想办法尽快解决它，或采取某些行动，或设法提供能尽快解脱的方法。然而，也有这样一些人为了避免说错话，常常宁愿选择什么都不说，保持沉默。或者当别人需要安慰和帮助时，我们往往言不由衷，或不着边际，说了一堆话，却怎么也说不到对方的心坎上……因此，掌握说安慰话的技巧和说话的尺度是非常必要的。

11. 到什么山上唱什么歌
——同别人聊天，找他感兴趣的说

　　每个人都有着不同的兴趣和爱好，有人喜欢唱歌，有人喜欢跳舞，有人喜欢城市的高楼大厦，有人却喜欢乡间小屋。因而，在人际交往的过程中，要想和别人聊的投机，让对方觉得你是"同道中人"，就要聊他感兴趣的话题。

　　男人要想搞好自己的人际关系，就得更多的与他人去交流沟通。在交流中，彼此会发现两人的共同点，在语言和思想上逐渐产生共鸣，达成一种共识，这样与他人之间也就可以逐渐建立起良好的人际关系。怎样才能在与对方的交流中达成共识呢？最主要的办法，就是要在与他的谈话中多聊一些他所喜欢和感兴趣的事情。

　　西奥多·罗斯福是一个知识非常渊博的人，每一个拜访过他的人都会这样评价他。哥马利尔·布雷佛曾经这样写道："无论对方是一名牛仔或骑兵，纽约政客或外交官，罗斯福都知道该对他说什么话。"那他是怎么办到的呢？其实原因很简单，在每个来访的人要来的前一天晚上，罗斯福就会翻阅这位来客所感兴趣的一些资料或了解一些关于来客个人爱好的一些事情。因为罗斯福知道，打动人心的最佳方式是跟他谈论他最感兴趣的事物。

　　记得有这么一个故事，是说有一位文艺编辑邀一位名作家写稿，但是这位名作家非常难合作，其他各报社的编辑对他也是大伤脑筋，想了很多办法都不管用。因此，这个编辑在见面前也相当紧张。

在谈话开始之初，如前所料，怎么说都和那位作家谈不拢。作家一味说："是吗？""这我还真不清楚""也许是吧？"整的这位编辑不知如何是好，只好打定主意，下次再谈，于是两人就闲说起来。

这位编辑把几天前在一本杂志上看到的有关该作家作品近况的报道搬出来，说："您的作品最近要翻译成英文，在美国出版了？"作家见对方如此关心自己，就很感兴趣地听下去。编辑又说："您的写作风格能否用英文表现出来？"作家说："就是这点令我担心……"

当与他人聊天时，找不到共同的话题，一方不停的谈论，而另一方则不厌其烦的敷衍应付，双方都可能会特别尴尬。就拿上例中这位编辑来说，刚开始他所说的都不是那位作家所感兴趣的，所以他也不可能通过谈话达到自己的目的，而当后来他谈到这位作家的书的时候，则找到了作家感兴趣的东西，这样就有可能与对方进一步的谈下去。也就是说只要有了好的话题，就不愁谈不下去了，也就不愁聊天中面临无话可说的尴尬局面了。

同样，这种说话的技巧也可以运用到事业当中。就拿纽约一家最高级的面包公司——杜维诺父子公司的杜维诺先生来说吧。杜维诺先生一直试着要把面包卖给纽约的某家饭店。四年来，他每天都要打电话给该饭店的经理，也积极地去参加该经理的社交聚会。他甚至还在该饭店订了个房间，住在那儿，以便随时谈成这笔生意。但是他的这些努力都失败了。

杜维诺先生说："在研究过为人处世之后，我决心改变策略。我决定要找出那个人最感兴趣的是什么——他所热衷的是什么。""通过调查我发现他是一个叫做'美国旅馆招待者'的旅馆人士组织的一员。他不仅仅只是该组织的一员，还是这个组织——'国际招待者'的主席。不论会议在什么地方举行，无论路途多么遥远，他都一定会出席，即使他必须跋涉千山万水。"

"因此，当我再一次见到他的时候，我就开始和他谈论他的组织。当时他的反应很令我吃惊。他跟我谈了半个小时，都是有关他的组织的，语调充满热忱。我可以轻易地看出来，那是他的兴趣所在。在我离开他的办公室之前，他'卖'了他组织的一张会员证给我。"

虽然当时我一点也没提到面包的事，但是几天之后，他饭店的大厨师打电话给我，要我把面包样品和价目表送过去。

"真是太不可思议了，真不知道你对那个老先生做了什么手脚，"那位大厨师见到我的时候说，"但是，事实告诉我们，您终于成功了！"

为了赢得那份生意，杜维诺先生辛辛苦苦的缠了那位经理四年，最终取得了成功。但是他成功的关键并不是因为自己的坚持，而是他找到了开启成功之门的金钥匙——用感兴趣的话打开对方的心灵。跟别人谈论他所感兴趣的事物，会使他感觉受到尊重，能深深地打动他并与之愉快的相处。打动人心的最佳方式是跟他谈论他最感兴趣的事物。

有些人觉得，在同他人聊天时应该说一些不平凡的事，可是又不知道从何说起。因此在想开口说话时，往往满脑子都在苦苦思索，企图找到一些怪诞、惊奇的事件或相当刺激的新闻来当话题。其实，大可不必这样，奇闻异事可能大家都比较乐意听，但是更多的人喜欢听的还是与日常生活密切相关的一些话题。比如说，孩子在哪所学校读书比较好了，脚扭伤了应该抹什么药等等。所以说，对于聊天选什么话题不必作茧自缚，关键是要看你跟什么样的人聊，你谈话的对象的兴趣是什么。举个例子，比如对方是一名老师，你还可以问他："你是教哪科的？学生是不是很调皮？"因为这些都是对方熟悉的话题，所以对方很容易就能开口。如此，你们就能按这条路子聊下去了，可以聊聊学生、学科、学生以后就业等等。

第二章

能做会说是舵手，只做不说是水手

一个好的领导不但做事有条有理，而且他们往往都具有良好的口才，对语言具有高超的驾驭能力，他们善于同自己的员工尽可能的进行沟通，通过交流把自己的团队紧紧的团结在一起，在波涛汹涌的商海中扬帆远行。而不善言辞的领导，才华虽很高，但因缺少与员工进行必要的交流或沟通的方法不对，而使得自己和企业都陷入了发展的困境。

1. 让他静静的离开

——辞退员工的话，选择时机说

　　裁员是件令人伤心的事情，可又是每个团队的管理者都可能遇到的事情，如果上司操作的好，大家好聚好散，两不相伤。如果作为管理者不能很好的处理这些事，那么不但会给被辞去的员工带来伤害，还会影响整个团队的发展。

　　作为上司，辞退自己的某个下属确实是一件很尴尬的事情，但是为了公司的发展和管理，作为公司的掌舵人有时又必须得这样做。辞退员工就好比是一把双刃剑，使用的好，团队能得到良好的管理和完善，公司将轻装上阵，顺利的发展；如果使用的不好，那么将会给公司的发展带来一系列的障碍，使公司到处充满一种杀气，员工人人自危。所以，作为领导者应该学会如何同被解雇的员工谈话，一方面使被解雇的员工静静地、体面地离开，另一方面又使公司的团队得到进一步的改组和完善。

　　这种解雇员工的方法是在尚且不发达的旧社会东家们采取的一种做法，这种做法的好处，一是对不合格者予以解雇，另一方面这种不公开的辞退也给那些解雇的员工保留了一点颜面。之所以举古代商家辞退员工的方法，只是想进一步说明一下老板开口辞退员工的难处。老板采取何种方式辞退员工是很关键的。

　　在过去的买卖行里，有一个不成文的规则：每逢春节，掌柜老板在店铺开市的头天晚上，都要给伙计们办一桌丰盛的"便宴"。酒过三巡，东家开始说话。如果生意好，便宣布人事照旧，大家开怀畅饮；如果生意不好，东家便借此辞人。辞退的方法是先向大家念一番"苦经"，无非就是世事艰难，前路惨淡之类的，然后，东家会亲自从早就预备好的包子中夹一个放在某人碗里。此人看到东家的举动，也就明白了——自己被解雇了。于是饭后卷起铺盖，告辞离去。这就是民间所说的"滚蛋包子"的来历。

作为一名优秀的管理者，在解雇员工时一定要选择好一个对话的时机。这不单单是为了对方着想，同时更是为了管理者本身考虑。试想：

如果你欲快刀斩乱麻，想在春节之前就请某个员工"卷铺盖走人"。于是，你便在春节长假的前一天的某个时间找到这名员工，而此时单位里的其他人都在高高兴兴地准备回家过年，而这名员工也是在正聊得口沫横飞的时候被你一脸严肃地叫到了经理办公室。接下来便是一盆冰水迎头而下……

换位思考一下，如果是你，你会怎么样？

就算这名员工没有立即发作，歇斯底里的冲你大喊大叫。那么，当他满脸沮丧地和其他兴高采烈的员工一起走出公司大楼的时候，看着这种强烈的反差与对比，难道你就没有隐隐的不安吗？当他正准备快快乐乐过节的时候，而你却是当头一棒，浇灭了他正准备享受快乐的热情，你这样做是不是有失厚道呢？所以，请人离开，最好也要选个"良辰吉日"。

比如，在绩效考核之后，对于考核不合格的员工，予以淘汰无可厚非，即使员工不能对此"认赌服输"，但也不至于反应太过激烈；当公司的发展面临困境，效益、业绩不好时裁员也是师出有名，在情理之中。在这种大环境的影响下去辞退员工，一方面可以缓冲被辞退者的心理失落情绪，另一方面又不会使自己陷入尴尬的境地。总而言之，辞退员工应该坚守的一条原则就是选择一个最佳的时机，富有人情味的处理这件"不具人情味儿"的事。

同时，向员工公布这样的坏消息，最好选择在没有第三者打扰的情况下，比如在会议室、休息室或者管理者的办公室里。因为在这样的环境下，人们更容易保持理性和冷静。同时也不会使被解雇的职员在同事或公众场合失去面子。

在谈话的过程中，上司要注意，不要说一些太过安慰的话，如："小王啊，其实我也不想让你走"，"我相信你将来一定会成功的""你不做这一行可能会更好"等等。因为这类看似出自真心但又毫无意义的话，并不能给对方带来什么，甚至还有可能激怒对方，引来麻烦。在谈到解雇原因时，领导者应注重摆事实，而不是说出伤害员工人格的话，如说出"你能力太差"、"你不善于合作，个性太强"、"公司这座小庙已经容不下你这个大神仙了"之类的话来，更不应谈及任何有关员工的年龄、性别、生理缺陷的事情。因为这么做将会伤及员工的人格尊严，会让对方以为单位是出于某种歧视才解雇他的，如果传出去，很可能对公司造成恶劣的影响。所以管理者只需强调，是由于公司经济不景气或结构调整等客观原因不得不裁员，请员工不要怀疑自己的能力和表现，帮助他们正视自己以及被解雇这件事。即使是真正因为这名员工表现不好而辞退他，管理者也没必要在这个时候打击他。上司应该可以尽量婉转地说："不是你不行，是目前公司还没有适合的岗位提供给你，希望我们以后会再有合作的机会。"

总之，作为上司如果在辞退员工时，能够选择适当的时机和地点，富有人情味儿的委婉的对员工说出公司的决定，相信在解雇员工时就不会太难为情，也不会伤及与员工之间的感情，也能使得员工更容易接受被解雇这个事实。

2. 赞美不蚀本，舌头打个滚
——赞美下属的话，要多说

每个人都渴望得到别人的肯定与赞美，作为一名管理者，应该多说一些赞美下属的话，肯定员工的成绩，这样你的员工会更加信心百倍的努力工作，从而创造出更多的财富。

美国著名的女企业家玛丽凯说过："世界上有两件东西比金钱和性更为人们所需——认可和赞美。"在这个世界上，没有什么比赞美别人更为重要。赞美别人，肯定他人的成绩，我们不需要花一分钱，只是一句出自真心的话，但它却能够赋予人一种更积极向上的力量，对别人产生意想不到的作用。

在公司，每位员工都希望自己的成绩得到肯定，得到领导的赞美和赏识。有哪位员工愿意自己辛辛苦苦地干了半天，却得不到领导的一点肯定？假如一位员工老是得不到领导的肯定与赞美的话，那么在今后的工作中，他肯定会失去兴趣，不再会积极主动地工作。

小李是一家食品公司的销售员，刚来单位那几个月，每天表现的都十分积极，就像拼命三郎一样努力工作，可是最近，他却好像换了一个人，整天都是无精打采的，同事开玩笑说："哟，小李，这是怎么了，看上去被霜打了似的，这可不是你啊。"小李无力的回答道："就这样混日子呗，干好干坏一个样，你就是再积极再能干，头儿知道？只要不犯错误，我做一天和尚撞一天钟。"

的确，当你的下属努力的工作，做出最好的成绩时，而你却视而不见，想想这些员工会多么的失望，会多么的感慨，他们会觉得自己何必要这么辛苦的工作？只要能交差就行了，何必还要力求完美呢？在这种思想的影响下，员工的工作品质就会逐渐下降，进而工作热情逐渐消沉，在感情上疏离公司，甚至自行辞职，"跳槽"出去另找其主。因此，管理者绝对不能忽视员工，特别是有一技之长、非常具有创造性的员工对公司的感情的培养。管理者要想笼络住他们，就要在他们取得一些成绩时给予他们充分的肯定。

孙博最近对单位研制的一种产品进行了技术性的改造，无论在外观还是质量上都比原来的产品强了好多，更重要的是成本反而降低了。公司的领导当时就对孙博的这项发明进行了高度的赞扬。等产品投入到市场以后，果然不出所料，很快就取得很好的效益。在年终的表彰大会上，公司的老总不但给了孙博很多的荣誉，而且对他的家人都表示了感谢，当时的孙博非常激动的说："今后我一定会更加的努力，创造更好的产品，为公司的发展做出自己的贡献。"

每个人都渴望受到他人重视，都无一例外地希望受到他人的赞美，希望自己的价值和成绩得到他人的肯定。一旦别人帮助他实现了或让他体验到了这种感觉，他就会对这个人感激不尽。记得有位企业家说过："人都是活在掌声中的，当部属被上司肯定，他才会更加卖力地工作。"所以作为领导应该充分的认识这一点，赞美自己的员工，你并不需要花太多的心血和金钱，但它带来的效果却会远远超出物质奖励的作用。

美国历史上有一个年薪百万的管理人员名叫史考伯，是美国钢铁公司的总经理。有记者曾经问他："您的老板为何愿意一年付给您超过一百万的薪水呢？您到底有什么本事能拿到这么多的钱？"史考伯回答说："我对钢铁懂得不多，但我最大的本事是能鼓舞员工。而鼓舞员工的最佳方法，就是表现出对他们真诚的赞赏和鼓励。"说白了，史考伯就是凭着他会赞美他人而年薪超过一百万的。有趣的是，史考伯到死也没有忘记赞美人。他在自己的墓志铭上写道："这里躺着一个善于与那些比他更聪明的下属打交道的人。"

赞美是一种语言艺术，真正的的赞美都源自于内心深处的那一份"真诚"，它反映的是一个人对另一个人的认可和欣赏。作为管理者，对下属的赞美一定要情真意切、恰如其分，同时还要因人而异，比如你想赞美公司的一名女员工，可这位女士其貌不扬，如果你对她说："你真漂亮啊！"那她肯定会以为你在取笑她，会对你这样的上司产生厌恶。如果你夸她最近在业务上的表现、说话能力等方面的成绩，那她肯定会欣然接受。

在这个物欲横流的社会里，也许有些领导认为赞美微不足道，物质奖励才是最实在的。然而，无论社会发展到何种程度，金钱都不是万能的，而赞美恰好可以弥补它的不足，能够感动人心最好的方式就是真诚的欣赏和善意的赞许。

3. 拐了，拐了

——批评下属的话，要拐个弯说

"人非圣贤，孰能无过"，每个员工都可能出现这样那样的错误。同样，作为管理者，你批评他也是必须的。但是需要知道的是批评的目的是为了帮助他成长，让他在今后的工作中表现更出色，而不是借机打击员工。因此，管理者要掌握批评的艺术，批评员工的话，拐个弯说。

俗话说"金无赤足，人无完人"，在这个世界上，每个人都会犯错误。但是，面对他人的错误大发雷霆、大声呵斥的做法是不明智的，因为没有人愿意被批评，更不会"闻过则喜"。作为领导面对下属的错误你一味地

指责，不给下属留一点面子，或简单地说明你的看法，那么除了换取厌恶和不满外，你可能一无所获。你的批评是否成功，关键在于你所采取的方法。

对于每个员工来说，被批评可不是什么光彩的事，没有哪个人愿意在自己受到批评时召开一个"新闻发布会"。所以，为了被批评员工的"颜面"，你在批评他的时候，最好避免第三者在场，也不要高声地叫嚷着好像要让全世界人都知道一样。如果你率直地当众批评了一名员工的过错，不但得不到好的效果，还可能会对对方造成更大的伤害。如果你在批评员工时能够顾及他的颜面和自尊，他可能会心存感激。

一次，王主任怒气冲冲地冲入办公室，啪的一声将一份报告都摔在秘书小丽的桌上，办公室里其他几个人同时都愣住了。王主任以为这是个惩一儆百的好机会，就大吼道："你自己看看，都干这么多年了，居然还写这样空洞无物的报告，送到总经理手中，人家一定会认为我们都难胜其任，以后脑子里多装点东西，别天天没精打采的混日子！"说完，一甩手就走了，小丽被晾在一旁，尴尬异常。过后，王主任满以为办公室的工作效率会有所提高，然而事与愿违，大家都躲着他。布置工作时，不是说没时间，就是说手头有要紧事要做。王主任此时才品出一点味道，恍惚意识到此举并不明智。

陆涛是一家建设公司的领队，他的主要职责之一就是监督在工地工作的员工戴上安全帽。每次一碰到没戴安全帽的人，他就会官腔官调地批评他们没有遵守公司的规定，还大声嚷嚷："不遵守规定，就走人！"员工虽然表面接受了他的训导，但却满肚子不愉快，常常在他离开后就又将安全帽拿了下来。陆涛看自己的这种严厉训斥的方式并不能很好的起到效果时，就决定停止这种当面批评。当他再发现有人不戴安全帽时，就问他们是不是帽子有什么不适合的地方，或戴起来不舒服，然后他会以令人愉快的声调提醒他们，戴安全帽的目的是为了保护自己不受伤害，建议他们工作时一定要戴安全帽。结果遵守规定戴安全帽的人愈来愈多，而且员工们也不再像以前那样出现怨恨或不满情绪了。

一个善于批评的领导，在批评下属的时候总是善于拐着弯说话，既不伤害被批评者的自尊心，又能达到自己的目的。他们给"患病"的员工准备好了一副"苦药"，又通过一种委婉的方式使这些员工微笑着吞了下去。

黄健是某公司的一位高级主管，由他负责的车间连续几年都得到了公司的一致好评，不仅管理秩序井然有序，工人们严守纪律，而且职工的积极性都非常高。有人问黄健有什么秘诀时，黄健说："其实什么秘诀都没有，只是每当我发现车间有人态度欠佳，或是在生产过程中有什么差错时，我会在下班后，把那人叫到我的办公室，很亲切的对他说'最近一切还好吧？在我的印象里，你的表现都一直不错，让你在那个岗位，我很放心，希望你继续努力下去'，每当我这样说完后，那些员工早已是羞红了脸，很诚恳的道歉并告诉我以后一定不会再犯那样的错误。"

这就是一名高级主管的聪明做法，他不会去对犯错误的下属大喊大叫，而是先去夸你，欲擒故纵，让你自己去发现过错并加以改正。这样既照顾了被批评者的面子，又鼓励了这名员工，真可谓是一箭双雕。

批评和赞美一样，都是一种激励方式，其目的都是为了限制、纠正、禁止员工的一些不正确的行为。所以作为领导，应该学会这门艺术，当下属犯了错误时，切忌拍桌子摔凳子，吹胡子瞪眼睛，而应当尽可能委婉的去"批评他"，把他扶上正轨。

4. 放弃还是挽留
——当优秀的员工辞职时，要理性的说

作为公司的领导，当收到优秀员工的辞职报告时，应当及时的与其进行面对面的沟通，通过交流，了解职员辞职的真正原因，从而最后给自己一个答复，是选择放弃他还是尽可能的挽留。

对于一个企业来说，人才是至关重要的。企业每年都会往公司招收大量的人才，可令每位管理者遗憾的是每年都会有好多潜力员工不顾期待悄然离开、优秀员工不顾挽留翩然而去，当重点培养的员工不顾重托挥手辞职，留给企业的是人才流失的痛。作为一名管理者，当你曾经给予厚望的员工，向你提出辞职时，不应该只是惋惜，而应该积极的与这位员工及时的交流，看能不能把他留住。管理者甚至可以中断会议，放下手头的日常工作，以示对此事的重视。因为任何怠慢、迟疑都有可能让这位员工理解为冷漠、轻视，使他更坚定离职的决心。

在领导与员工进行面对面沟通时，管理者也要讲究一定的技巧，在真诚挽留的同时，还要旁敲侧击地了解员工要离职的真相。比如，与其直接问"能告诉我你离开公司的原因么？"或"说说你的辞职理由好吗？"不如换个角度，有技巧地问："你希望公司作出哪些改变才能让你继续留在公司呢？"或"最近是不是遇到什么困难了，怎么选择辞职呢？"这些话都可以表示出你想留住对方的诚意。

同时，在与辞职的优秀员工进行交谈时，管理者要注意，在谈话中要

尽力争取双赢，即：留住人才是一方面，但也不能因为一时情急心切，胡乱的满足员工的一些有损于公司或公司暂时无法提供的一些要求，否则将对公司的发展造成不利的影响，不能把谈话沦为和员工讨价还价的交易。

钢铁公司职员小曹是技术部的业务骨干，一直都受到领导的器重，工作三年后决定要出去深造，但和相关领导沟通了几次都未能实现愿望。直属领导出于本部门的利益考虑，不想放走小曹这个顶梁柱；培训部由于当时经费紧张的问题，也没有给小曹肯定的答复。一心想要学习充电的小曹萌生了辞职深造的想法。于是，一纸辞职书交到了人力资源部经理手上。

人力资源部经理在面谈中了解到小曹辞职的真正原因之后，觉得根据公司的情况，调整一下培训方案，为小曹争取一个深造机会是有可能的。于是，便和要辞职的小曹有了下面的谈话：

"小曹，首先得向你道歉，由于沟通上的不通畅，迫使你以辞职的方式为自己争取学习机会。看得出来，公司在这方面的工作还有待改进。其实公司一向很注重年轻员工的培养与成长，只不过今年的培训经费相对紧张一些。但是公司不想因为这种原因失去你这样的优秀员工，所以基于目前的培训条件，我们可以考虑调整培训方案，在明年的时候送你出去深造，当然这需要你等半年的时间。"

小曹："……"

经理："具体方案明天给你回复。这样的话，你能否再慎重考虑一下你的辞职报告呢？"

小曹："好的，经理，我会慎重考虑。"

经理："在这里也要感谢你给人力资源部提了个醒，我们今后会增加培训方案的透明度，理顺沟通渠道，不能让这种情况再次发生。"

在这段谈话中，人力资源经理抓住小曹辞职的主要原因，入情入理、有礼有节地给予解释和解决。既让小曹了解到公司的难处，感受到公司留人的诚意，又让他看到自己带薪深造的希望。

同时公司的立场和观点也灌输其中。

每一个优秀员工的离去，对其所在单位来说都是一个重大的损失。因而，作为管理者，对于每位员工的辞职都要慎重的对待。当然对那些义无反顾，去意已决的员工，管理者可以适当放松心情，"留不如放"，曾经拥有也是美丽的。

5. 纸里包不住火

——坏的消息，要坦诚的说

俗话说"世上没有不透风的墙"、"纸里包不住火"，当公司出现一些负面情况或有些坏的消息时，作为领导者应该"打开天窗说亮话"，真诚的去跟员工沟通，如果只是一味的封锁，其结果将有可能会越来越糟。

当企业出现市场形势严峻、利润下滑，甚至被并购，或要大量裁员等负面情况时，一部分管理者的第一个反应是尽量封锁这些坏消息。因为在他们看来，这些坏消息的传播往往要比它本身更让人担忧。他们认为，一旦这些坏消息传播开来，就很有可能会导致优秀的职员纷纷跳槽，普通的员工人心涣散，使公司面临更大的危机。所以许多管理者宁愿辛苦徒然地死死地把这些坏消息压住，也不愿将其公之于众。

然而，往往是领导者越想封锁消息，消息反而是漏得越快。在信息通讯异常发达的今天，任何一种消息都不可能真正地被屏蔽在公众的注意力之外！危机当前，如果管理者不能及时正确地与员工进行有效的沟通，那么各种小道消息将会迅速涌出，其传播功效将会更大更快，会更容易误导员工，涣散军心，动摇队伍。

因而，作为公司的领导不必把坏消息视作洪水猛兽，避之惟恐不及。只要能够选择好恰当的沟通时机，运用适当的沟通技巧，采取坦诚的沟通态度，完全有可能将危机转化为契机——让危机成为彰显管理者的个人魅力、凝聚团队力量、赢得更多信任的契机。

2004年12月17日，伊利爆发了自成立以来的最大危机，董事长郑俊怀以及其他高管层共5名人员被刑事拘留，随后又被正式逮捕。在这生死存亡的关键时刻，潘刚带领班子迅速控制住了危局。在接受新浪财经栏目的采访时潘刚谈道：

当时我们所做的第一件事就是稳定员工情绪，那几天连续开了很多会，党员干部大会、各事业部员工大会等，把企业的情况向全体员工进行通报，与他们进行直接沟通。当时我的考虑就是公开、透明、正面引导大家，调动他们的积极性，发挥他们的主人翁精神，保证企业正常生产经营活动的继续开展。好在企业的生产经营一直是我在管理，情况也比较熟悉，所以在工作安排各个方面还是比较顺利的。

伊利集团能够短时间内摆脱危机，步入正轨，并迅速取得发展，这与伊利集团高层在危机面前及时与员工进行有效沟通是不无关系的。

我们虽然提倡企业应该尊重员工的知情权，但这并不意味着管理者一定要做个"大嘴婆娘"，将企业遇到的所有负面消息都"知无不言，言无不尽"地讲给员工听。有点风吹草动就草木皆兵实在是没有必要。优秀的管理者往往都是第一个面对坏消息的那个人。"猝然临之而不惊，骤然加之而不怒"，面对突如其来的坏消息，管理者如果能够准确判断出这是一个应该让员工知晓的坏消息，并迅速制定出建设性的沟通方案，那么就可以抢在小道消息之前让员工了解真相，减少沟通成本，也更容易赢得员工信任。

同样是一件事，从有的人嘴里说出来就让人十分惶恐，觉得"天下大乱就在眼前"，而从有些人嘴里说出来则很沉着、自信。作为管理者，既想让员工们清楚、准确地了解所要面对的坏消息，而又不引起太大的骚乱，这就需要在与员工进行沟通时，注意语言的运用。

　　恐怕没有哪一种消息要比这对员工的影响更深了，比如以某公司要裁员的坏消息为例，管理者应该如何与员工沟通，才能既忠实地传递出坏消息，又能将其负面影响降到最低，破坏程度降到最小呢？不妨看看下面两个例子：

　　案例一：

　　主管一："公司最近效益不太好，这是大家有目共睹的。但是公司绝不希望通过裁员来改变这种局面，这是我们公司一贯的宗旨，而且公司的领导也一直在想办法，希望在不影响员工队伍的前提下来扭转我们的财务状况。但是公司也不能承诺百分之百避免裁员。有太多的因素在影响着这个目标的达成，包括下个季度我们的销售情况、利率情况等等其他一系列的事情。一旦有新情况，我们会及时通知大家。为方便与大家沟通，总经理秘书的办公室开通了临时热线，大家有什么疑惑或难处可以随时拨打热线电话，公司领导一定尽力解决。同时还需要强调的是，要想避免裁员，我们首先要生产出客户想买的优质产品，所以大家的努力对公司克服目前的难关将是至关重要的。恳请大家安心工作，为我们更好地共渡难关而努力。"

　　案例二：

　　主管二："先给大家提个醒，公司最近效益不好，裁员是十之八九的事儿。所以大家要好好表现，争取不要做被淘汰的那一个。"

　　上面两个案例，我们可以一眼看出哪个更为合理，因此作为管理者在面对坏消息时，不必去担心传播坏消息会使员工人心涣散、局势动荡。只要你能抱着坦诚的态度及时与员工分享相关信息，并充分表现出公司切实为员工着想的诚意，员工是能够理解并愿意与公司同舟共济的。

6. 给他一个明确的理由
——拒绝加薪时，要充满人情味地说

作为一名领导者，当一名尽职尽责的下属向你提出合情合理的加薪要求时，你是否能欣然应允，让双方皆大欢喜呢？如果你认为下属的表现还不足以加薪，或企业正面临困境，如何应对才能使得问题得到合理解决？

员工向上司提出加薪的要求这是再平常不过的事情了，但是，如果作为上司，你认为这名员工的表现还不应该加薪或者刚刚还在为公司正面临利润滑坡、预算紧缩而头疼。你会如何处理这件事情呢，直接回绝？还是随意应允？或是像鸵鸟那样，将脸埋入沙子，等问题自动消失，还是把拒绝的话留到明天再说，过一天算一天呢？

虽然上面我们假设的这些方法都不失为一种解决之道。但是，如果真这样做，你看起来就不像一个优秀的管理者了！

刘强是一家出版社的主任编辑。一天，下属小赵向他提出要加薪。刘强想了一会儿，说道："小赵，我知道你从助理编辑做起，时间已经不短了。你在业绩表中所做的工作总结，我觉得你提到的那几点都很重要。但是现在的情况是，我们离第一次薪金评估还有很长时间。所以我现在无法批准薪金评估报告。"

"另外，说实话，我觉得就你现在这份业绩表的内容来说，比较有说服力的数据还显得很不够。现在离年底的评估报告还有一段时间，你再加把劲儿，争取让你手上的那两个图书选题能够在年终出炉。而且，我们社最近设立的那个新项目，相信你肯定也能做出点业绩来的，你不妨尝试一下，这样，在年底评估的时候，你就可以有一份比较有说服力的报告给我，到那时，我一定会尽力为你争取加薪。"

从上面的例子中可以看到，刘主任巧妙地为他设定了一个比较实际而又有意义的工作目标，聪明、不留一丝痕迹地回绝了他当前的加薪要求。清楚地表明，加薪要有"硬指标"，要有实在的工作业绩，而小赵目前的工作成绩还不足以享受这个薪资待遇。更重要的是，这次谈话将负面的拒绝转为正面的激励——使加薪成为员工取得更高成就的动机。

作为领导，在你向下属作出合理的解释之前，还要做一件事，那就是先认真地倾听和复述员工的要求和想法。你最好请他坐下来，让他讲一讲自己认为应该加薪的理由，你可以了解员工的问题所在，更有利于你从员工的视角看问题，从而更有针对性、更有说服力地向对方阐明拒绝的理由。

如果你是领导，当员工提出加薪时，你说："加薪？公司今年效益不好，再加上经济危机，这些你也不是不知道。况且公司刚刚失去一个大客户，我还不知道怎么弥补损失呢，你还提加薪？现在连工作都不好找，就算降薪都没什么可说的！"

试想一下，那位好不容易才鼓足勇气提出加薪的员工，不仅没有获得加薪，还惹出这么多不顺耳的话来，他还有心情为公司好好工作吗？

如果你既想拒绝加薪，又想要保证下属的工作积极性，建议您可以尝试以下的方式：如给员工提供一个良好的发展空间，使他在公司内部发挥出个人最大的优势，在经验、技术上得到积累，提供难得的培训机会等等。你或者可以这样对他说：

　　"公司暂时面临一点困境，目前还无法满足你的加薪要求，可能会让你很失望。所以，根据你的情况，公司的主要领导在昨天的会议上进行了一次沟通，提出了这样一个方案：调你到公司总部的策划部工作，虽然那里的薪资待遇和这里相同，但是相对来说，生活和办公条件要比这里优越，更重要的是接受培训的机会比较多，你作为年轻的人员，在那里会找到更多的发展机会，你觉得怎么样？"

　　但凡有些上进心的员工，当听到这样的安排都会有意外之喜，并欣然领命。同时这样做也会使员工感到：在这里工作，除了金钱之外，还可以收获到更有价值的东西。

　　所以，就算你是领导，对公司员工的要求有绝对的优势和自主权，当员工向你提出加薪的要求时，作为一名管理者一定要讲究一下说话的策略，特别是对那些为公司作出很大贡献，具备一定实力的职工，更要慎重处理。因为，他非常有可能在向你提出加薪要求之前，已经为自己准备了后路——加薪不成，另谋高就。如果你不想公司损失这样的人才，那么在谈话时就要小心谨慎。即使要拒绝他的要求，也要把话说得充满人情味，在谈话中将他的能力与公司的需求相衡量，然后基于他的工作表现，巧妙而委婉地否定他的要求。

7. 士为知己者死
——笼络下属的话，有人情味地说

优秀的领导，都是能够征服员工心灵的人，他们以个人独有的魅力把员工紧紧地团结在自己的周围，使之心甘情愿的为自己效命。所谓的"高官厚禄"并不一定会让你的下属感动，而关键时一句温暖人心的话有可能使他为你付出所有。

一般来讲，上级笼络下属的手段，无外乎两种——官职和钱财。但是，有时上司对下属不必付出实质性的东西，而只需通过某种表示，或者说某种态度，就能给下属最大的满足，甚至会使他们产生受宠若惊的感觉，因而感恩戴德，更加忠心耿耿地为其效劳。

所谓人情话并不全是空洞地闲扯，有些人情话也并非上嘴唇和下嘴唇一开一闭就能说出来，而是需要一种宽阔的胸襟和做大事的气度。

说到笼络人心，刘备可谓是鼻祖。刘备摔孩子——收买人心，这一歇后语便可证明。《三国演义》中记载了刘备摔阿斗的故事。长坂坡之战是曹操、刘备两军的一次遭遇战，骁将赵云担当保护刘备家小的重任。由于曹军来势凶猛，刘备虽冲出包围，家小却陷入曹军围困之中，赵云拼死厮杀，七进七出终于寻到刘备之子阿斗，赵云冲破曹军围堵，追上刘备，呈交其子。刘备接子，掷之于地，愠而骂之：为此孺子，几损我一员大将！赵云抱起阿斗连连泣拜："云虽肝脑涂地，不能报也。"

刘备的一席话，燃烧了赵云的心，从此之后赵云誓死追随刘备。古人云："动人心者莫过于情。"情动之后心动，心动之后理顺。舍不得孩子套不来狼，关键是要看你有没有豁出孩子的气魄和善于抓住他人心理的意识。

作为领导者，身边都需要几个真正的忠诚之士，用时髦的话来说，就是得有自己的铁杆粉丝。所以，领导们都习惯说一些收买人心的人情话来获得他人的忠诚。

秦穆公就很注意施恩布惠，收买民心。一次，他的一匹千里马驹跑掉了，结果被不知情的百姓逮住后杀掉吃了。官吏得知后大惊失色，把吃了马肉的三百多人都抓起来，准备处以极刑。然而秦穆公听到禀报后却说："君子不能为了牲畜而害人，算了，不要惩罚他们了，放他们走吧。而且，我还听说吃过好马的肉却不喝酒，是暴殄天物而不加补偿，对身体大有坏处。这样吧，再赐他们些酒，让他们走。"

过了些年，晋国大举入侵，秦穆公率军抵抗。这时有三百勇士主动请缨，原来正是那群被秦穆公放掉的百姓。这三百人为了报恩，奋勇杀敌，不仅救了秦穆公，还帮秦穆公捉住了晋惠公，大获全胜而归。

有句俗话，"平时不烧香，临时抱佛脚"，管用么？作为领导，当你需要下属时才说一些所谓的"人情话"，是不行的。路是要自己走出来的，而不是在需要的时候去找路。秦穆公的聪明之举在于关键时刻收买人心，他没有惩罚那三百多人，换来的是举国上下的誓死效忠。

晚清红顶商人胡雪岩是个商业奇才，同时他也是个善于笼络下属的高手。

一天，胡雪岩外出，路上遇到了刚被辞退的一家钱庄的档手李治鱼，便邀他来到一家路边小店一起喝酒。席间胡雪岩问道："李师兄，到乡下有什么好营生呢？"

李治鱼叹着气回答道："无非就是割麦插秧，笨重农活，只要能填饱肚子就行了。"

胡雪岩说:"可惜了你一身银钱绝技啊,却派不上用场,难道就这样英雄末路,委屈一生吗?"

"名声已经坏了,我这样的人谁还敢雇呢,只好认命啦。"李治鱼无奈地说。

胡雪岩目光炯炯,逼视他道:"如果有人相信师兄的为人,请师兄再回钱庄主掌档手,你意下如何?"

李治鱼疑惑道:"若果真如此,便是重生父母、再造爹娘,但谁又能如此大胆,敢违抗同业大会的意愿?"

胡雪岩道:"此人远在天边,近在眼前,便是小弟我。"

李治鱼大吃一惊:"果真如此吗?"

胡雪岩爽快答道:"小弟与师兄同业同行,英雄说英雄,惺惺惜惺惺,对师兄向来极为敬佩,今日愿请师兄主掌钱庄,共同干一番事业。"

李治鱼听完之后,如同绝境之中从天上掉下了馅饼,哪有不愿意的道理!当下便感激涕零,要给胡雪岩跪谢大恩。胡雪岩忙扶住他说:"自家弟兄,不必如此拘礼,今后务必同舟共济,共兴钱庄大业。"

然后掏出一张两千两的银票给他,说:"从现在起,师兄就是阜康钱庄的档手,每月定饷十两,年底另有花红,这银票拿去,随取随用,订房子、雇伙计、购什物,任你支派,不够再说一声,我随时补上。"

一番真言实话,慷慨大度的安排,令李治鱼心悦诚服,高叫道:"雪岩老弟不必多虑,只看咱神算李手段!"

胡雪岩道:"从此以后,咱弟兄俩就是一根线上的蚂蚱啦,同呼吸共命运,吃香喝辣,都在一块儿。"一番人情话说出后,一个钱庄的好手已成了他死心塌地的战友。

有时,有些人情话听起来也许并不是那么慷慨激昂,或许只是一些很普通的话,但它是在一定的背景之下,从一些特殊的人物嘴里说了出来,尽管轻描淡写，却也能收到奇效。

每个员工都愿意在一个富有人情味的团队里工作和生活。而这种人情味的注入，首先是该团队管理者的责任。因为管理者是否善解人意，是否体恤和关怀下属，直接决定着这个团队人性化氛围的浓度。对于新生代员工来说，他们最在意的，就是别人对他们的态度。而善解人意的背后，正体现了上司对下属的那份最可贵的尊重。

比如一个员工今天气色不好，作为上司你要问问他有什么不舒服；如果他请假去照料他生病的母亲，那么当他来上班时，要问问他母亲康复了没有；倘若发现他今天走路一瘸一拐，要问问他怎么回事；如果他时常谈起他女儿上学的事，可过问一下他女儿在学校的成绩如何。虽然这些都是些微不足道的小事，但正是这些小事，会拉近你与员工的距离，你这些关怀会使他们对你真正的尊重，时常想着你的恩德。这样做当然不难，而且在日常生活中，你会惊奇地发现，这种小小的关心竟使你的上下级关系大不一样。

无论他们从事什么样的工作，也无论他们是名流，还是普通民众，这种让人从心里感动的人情话都应该多说，这样会给自己的人际关系创造一个良好的氛围。如果你是一名团队的管理者，这些充满人情味的话，应该多对自己的下属说。

8. 众人拾柴火焰高
——让下属提建议的话，鼓动着说

子曰："三人行，必有我师焉。"作为领导，应该去积极的鼓励下属提出他们的意见和建议，只有这样，才能知道自己的团队或企业需要在哪些地方作出改进，你才能更好的作出决策，带领着你的团队踏上新的台阶。

每个人的知识、经验、能力、精力都是有限的，作为一个团队和公司的领导，就是本事再大，也不可能真正"什么都懂"、"什么都能"。无所不能的人在这个世界上是不存在的。因而，凡是高明的领导者，都会鼓励自己的下属就某个问题或某项决策积极发表他们的看法，并提出意见。

齐威王是一代明君，他在位期间善于听取意见，改革政治，使齐国国力逐渐增强。邹忌曾经劝告齐威王采纳其他人的意见，因为"今齐地方千里，百二十城，宫妇左右莫不私王，朝廷之臣莫不畏王，四境之内莫不有求于王。由此观之，王之蔽甚矣！"最后，齐威王采纳了意见，于是下令凡提意见者均有赏，出现了群臣进谏、门庭若市的局面。过了几年，人们想提意见，可是没有什么可说了。燕、赵、韩、魏听说后，都到齐国朝见齐王。

周厉王很残暴，百姓都公开地指责他。召穆公告诉大王说："百姓忍受不了国王暴虐的政令了。"周厉王十分恼火，得到卫国的巫人，派他们去监督那些公开指责他的人。告诉巫人如果有人指责他，就杀了那些人。此后百姓都不敢再说话了，在道路上相遇，只能用眼睛互相看看，代替要发泄的怨言。周厉王很高兴，继续实行自己的虐政，召穆公多次劝说，周厉王都不听。最后愤怒的百姓终于再也无法忍受周厉王残暴的统治，就发动起义，并将国王放逐到彘那个地方。

广泛的汲取下属的意见和建议，有利于领导改善自身一些没有发现的缺点或不足，只有在别人的批评或建议中，我们才会更加茁壮的成长，如果闭目塞听，听不进去不顺耳的话，将可能导致极为糟糕的后果。

让下属积极的发言，作为领导首先要创造一个有利于发言的轻松的环境。比如说在开会讨论时，整个会场弥漫着严肃、紧张的气氛，试想谁还敢踊跃发言呢。因此，作为领导，一定要掌控好环境的气氛。在这个环境里，人们可以自由地发表意见，无论是对与错大家都可以提出来，不同意见之间可以开展心平气和的讨论和争辩。

一般的领导开会都是这样，当员工走进会议室后把门关起来，各就各位，大家都正襟而坐，上司目视了一下开会的各位，然后缓慢地说："人都到齐了，我们现在开始开会吧。"这种开会的方式一般会给人一种生硬和紧张的感觉。

如果采用这种方式是不是会更好呢？比如你是一位领导，你一早就走进了会议室，和已经来的下属们谈谈家常，聊会儿天，说一些比较轻松的话题。等所有的员工都到齐后，再闲谈上一两分钟，然后你宣布："看来人都已经齐了，我们现在开始开会吧。"

采用这种方式，营造一个轻松愉快的氛围，会使得与会人员都积极的投入到这次会议中来。

作为领导，对于会议的某些主要内容你可能都已经有了某种程度的认识，也形成了自己的一些看法。但是，你也应该多听听下属的意见，并通过提问把员工的意见推广开来，从而获得更多的建议。

比如某次开会作为领导可以说：

"你的建议中关于产品销售的方案你能说得更为详细一些么？"

"其他的人对刚才某某的提议有没有什么新的看法。"

"对刚才的这种说法，其他人还有什么不同的意见？一点想法也行，我们大家可以讨论。"

通过领导的不断的发问，可以把一个人的意见转变成多个人的意见，不但能活跃气氛，更主要的是在大家的讨论中，能够产生出一些比较新的观点和看法。

同时，领导还要学会鼓动那些不爱说话的人。在开会或就某个问题讨论的过程中，总有这样一些人，始终保持沉默。作为管理者的你，不应该忽略他们或放任他们，而是应该把他们调动到讨论中来，让他们说话，发表意见。

比如，你可以直接点名问他：

"对于这件事，你有什么看法？"

"这个项目三个月完成，会不会快了点？"

"说说你的看法？"

领导通过这一系列的提问，把这些不爱说话的人引进讨论的话题，逐渐引出他们的一些想法。

领导听取下属意见时的态度，也影响下属的情绪。当下属陈述自己意见的时候，如果态度认真，精神专注，下属会感到领导是重视听他的意见的，从而把自己的建议无保留地说出来。但是如果领导心不在焉，一会儿打个电话，一会儿向别人交代事情或插进与谈话内容不相干的问题，就会使下属觉得领导根本不重视他所说的话，说和不说基本上没有什么区别。很可能结果会是这位员工很敷衍的把自己的意见或建议表述完，在以后会议中，他不会再陈述自己的意见。

在上司征求下属意见时，经常会有员工提出反面意见，这都是很正常的现象。能否正确对待这些反面意见，则就关系到下属能否充分发表意见，关系到上司能否从下属意见中吸取智慧等十分重要的问题。

对于个别人提出的反面意见，领导者应该特别注意，虽然他的意见与绝大多数人的意见不同，甚至很可能是错误的，但你不能直接立马表态拒绝，也不要急于解释对方的意见。而是应该以热情的一面，耐心认真地听取，让他把自己的理由和意见陈述完。然后仔细分析他的意见，对其中合理的部分加以肯定，不合理的部分说明原因，帮助提意见者提高自己的认识。

第三章

能做会说有人提，只做不说没人理

　　一个能说会做的男人，不仅在生活上时常会得到他人的帮助，在工作岗位上也会得到上司的提拔与重用，而一个只会做事而不善于言谈的人，则只会在自己孤独的圈子里慢慢的奋斗，而逐渐脱离群体，人们也会渐渐的对其淡漠，甚至会忘记他的存在。

1. 马屁不要拍到马蹄上
——恭维上司的话，要找时机说

大多数领导都喜欢一些赞美自己的话，正如老百姓所说"高帽子不好，但人人爱戴"，但作为一名下属，对领导说恭维的话，还要学会抓住时机，恰到好处的说，否则的话，不但马屁没有拍好，还可能会招来领导的厌恶。

大多数领导都想表现出自己"优越"于下属的地方，以使得自己能够有足够的威信。但他们不会把这些"优越"挂在嘴边，以免被他人说成是"王婆卖瓜，自卖自夸"，但是如果这种"优越"从你口中说出来，那么领导就会非常高兴。

当一个人听到别人的奉承话时，心中总是非常高兴，脸上堆满笑容，口里连说："哪里，我没那么好"，"过奖了，过奖了"，"你真是很会讲话!"等等之类的一些话，即使事后冷静地回想，明知对方所讲的是奉承话，却还是抹不去心中的那份喜悦。甚至有时侯，即使明明知道对方讲的是奉承话，心中还是免不了会沾沾自喜，这是人性的弱点。换句话说，一个人受到别人的夸赞，绝不会觉得厌恶，除非对方说得太离谱了。

试想一下乾隆时期的和珅之所以能混得开，就在于他善于揣摩皇帝的意思，而且每次都能够博得乾隆的欢心。

清朝刊印二十四史时，乾隆非常重视，常常亲自校核，每校出一件差错来，觉得是做了一件了不起的事，心中很是痛快。和珅和其他大臣，为了迎合乾隆的这种心理，就在抄写给乾隆看的书稿中，故意于明显的地方抄错几个字，以便让乾隆校正。这是一个奇妙的方法，这样做显示出乾隆学问深比当面奉承他学问深，能收到更好的效果。皇帝改定的书稿，别人就不能再动了，但乾隆也有改不到的地方，于是，这些错误就传了下来，今天见到的殿版书中常有讹处，有不少就是这样形成的。

和珅工于心计，头脑机敏，善于捕捉乾隆的心理，总是选取恰当的方式，博取乾隆的欢心。他还对乾隆的性情喜好，生活习惯，进行细心观察和深入研究，尤其是对乾隆的脾气、爱憎等了如指掌。往往是乾隆想要什么，不等乾隆开口，他就想到了，有些乾隆未考虑到的，他也安排得很好，因此，他很受乾隆的宠爱。和珅拍马高在两点：一是知己知彼，每拍即中；二是让对方浑然不觉却全身舒坦，因为他做得无声无息，不着痕迹。

说奉承的话也要掌握一定的技巧，否则的话有可能会弄巧成拙。奉承的话要坦诚得体，必须说中对方的长处。恭维领导的首要的条件，是你要表现出你那份诚挚的心意及认真的态度。言词是一个人的心理的反应，有口无心，或是轻率的说话态度，很容易被对方识破，而产生不快的感觉。再者，当你奉承领导的时候，说出一些与事实相差十万八千里的话，那将可能惹怒领导。

举个例子，比如某次开会你的顶头上司刚讲完一句话，你马上就说："这样做最好，这真是明智的决定，领导真是领导啊。"这不是拍马屁是什么？所有开会的人都会认定你是在拍马屁，连你的上司都会觉得不自在。但是，当你的上司讲完话，你稍微暂停一下，说："这么一来，我所有的问题都解决了……"这样说就是在恭维别人，因为你说的是事实。就算要拍马屁，也要拍得不让别人感到肉麻。你一拍马屁，所有人都坐立不安，全身发麻，那不如不拍。

很多人在做自己没有多大把握的事情时，极乐意看到自己在这些没什么把握的事情上获得一定的成绩，从而获得别人的称赞。而当你对他们这些没把握的事情中的任何一桩加以颂扬时，都将有可能达到你所预期的功效。

对领导说奉承的话并不等于谄媚。恭维与欣赏领导的某种做法或某个特点，意味着肯定领导的这种做法或这个特点。只要是优点、是长处，对公司有利，你就可以毫无顾忌地表达你的赞美之情。作为领导也需要从别人的评价中，了解自己的成就从而树立自己在员工中的威望。当受到称赞时，他的自尊心会得到满足，并对称赞者产生好感。如果你想让领导知道你的聪明才干，赏识自己，就需要学会对领导说奉承的话，千万不要在他面前故意显示自己，这不免有做作之嫌。领导也会因此认为你是一个自大狂，恃才傲慢的人，而逐渐对你失去好感。

2. 做人不可有傲态
——自己的成绩低调着说

作为一名员工，当自己取得了一点小小的成绩后，千万不要沾沾自喜，或者摆出一副趾高气扬、不可一世的样子，要知道取得一定的成绩有时也是件很危险的事，如果你傲慢无礼，那么将会使同事疏远你，领导反感你，而你的事业也将会因此而失败。

人在取得一定的成绩之后，往往都会很高兴，打电话告诉亲朋好友，请张三、王五吃饭，借机以表现自己的能力，满足自己的虚荣。但是，不要忘了狮子在捕食猎物的时候总是静悄悄地靠近，而只有母鸡才会连生个蛋都要全世界昭告一番。所以当你取得一定成绩，立了功以后，千万不要把它作为讨好上司或炫耀的资本。其实在很多时候，立了功也是件极为危险的事情，因为你有可能挡住了别人升迁的道路，也有可能威胁到了上司的地位。因而，当你在工作中取得一定成绩后，不要老想着表现自己，而应懂得用自然而巧妙的语言将自己取得的成绩和荣誉归于领导或者集体。这样做，能显示你自己慷慨大方的品质和对领导的忠诚。这样也能在领导和同事的心目中留下一个好印象。

在《三国演义》中有这样一个故事：主簿杨修自以为学富五年，才智出众，因而恃才傲物，虽然身在曹操的帐下做事，但根本不把曹操放在眼里，且常常口出狂言，做事也经常自作主张，不给曹操一点颜面。杨修的行为让曹操大为恼火，终于找了个机会砍了杨修的脑袋。

试想，一个狂妄自大、老是扫领导颜面的人，能够有前途吗？那些稍微取得了点成绩，就得意忘形的人，往往会招来别人的厌烦和领导的嫉恨。

王涛是某杂志社的一名编辑，很有才华，在学校那会儿就深得老师的喜爱，由他亲自主创的一个栏目还获得了一项创新奖，深得领导的好评。一开始王涛还特别的高兴，但没过几天，他的脸上就失去了笑容。他跟自己的一位好友说，他的上司最近经常给他小鞋穿，估计领导对他有意见了。

这位朋友详细问清他的情况后，指出了他的错误。原因是这样的：王涛在上次获得创新奖后，得到了领导们的好评，除了发了奖金之外，还当众夸他是块当主编的好材料。可是王涛当时并没有感谢自己的上司和同事，更没有什么表示。因此，他的上司顾主编就觉得王涛是个"眼高的人"，于是处处为难他。可惜的是，王涛并不相信朋友的分析，结果两个月以后，王涛就因待不下去而辞职了。

工作中取得的成绩会给我们带来一定的荣耀，但是一定要切记，这份功劳你不能独吞，要把荣誉的花环戴在领导的头上，把取得成绩的欢乐与大家一起分享，正所谓"大家好才是真的好"。

龚遂是汉宣帝时代一名能干的大臣。当时渤海一代灾害连年，百姓生活疾苦，纷纷起来造反。当地官员镇压无效，汉宣帝只能派年近七十的龚遂去任渤海太守。

龚遂就任后，安抚百姓，鼓励农民垦田种桑，规定农家每口人种一株榆树，一百棵菱白，五十棵葱，一畦韭菜；养两口母猪，五只鸡。对于那些心存戒备、依然每天带着剑的人，他劝慰道："干吗不将剑卖了买头牛？"

经过几年的整治，渤海一带社会安定，百姓安居乐业，龚遂也名声大震。于是汉宣帝召他还朝。他有一个属吏王先生，请求与他一起去长安，并对他说："我对你会有好处的。"然而，此人经常一天到晚喝得醉醺醺的，其他属吏都反对他去，怕他坏事，但龚遂还是带他一起上了长安。

一天，皇帝要召见龚遂，王先生便对看门人说："去将我的主人叫来，我有话要对他说。"尽管王先生整天一副醉汉的嘴脸，但龚遂也不计较，还真来了。王先生问："天子如果问大人是如何整治渤海的，大人如何回答？"

"我就说任用贤才，使人各尽其能，严格执法，赏罚分明。"龚遂说。

王先生连连摇头道："不好不好，这样说岂不是自夸其功吗？大人要这样回答：'这不是微臣的功劳，是天子的神灵威武所感化！'"

龚遂接受了他的建议，按他的话回答了汉宣帝。宣帝果然非常高兴，并将龚遂留在身边，任以显要且轻闲的官职。

龚遂正是在属吏的建议下，将功绩归于汉宣帝，才让自己的晚年更加有了着落。

"木秀于林风必摧之"，在现实生活中，将不如卒、君不如臣的现象屡见不鲜，而明卒被昏将压抑、扼杀的情况同样屡见不鲜。再无能的领导也是有好胜心的，也是要面子的。因而在领导面前，你最好不要表露出"我比你聪明"的意思，要在谦虚的请教中表达你的意见，这才是你最好的选择。因而当你在取得一点点成绩时，千万不要居功自傲，自以为是，而应多将好处和荣誉让给领导，自己甘心当个绿叶。不要让领导和你的同事认为你是个目中无人的家伙，这样的话在你的职业生涯中你才会混的"如鱼得水"。一句话"做人要低调一些"。

3. 老板，我想加薪
——加薪的事，变个法儿说

"将加薪进行到底"是目前工薪阶层比较流行的一句话，但是，当你真正做好准备向领导提出加薪的要求时，一定要注意怎样去和领导沟通，不要以命令式的口气，也不要说出类似威胁的话语，跟老板谈加薪，要变着法说。

薪水是一个人工作能力和成就的最直观的反映之一。不管你是安贫乐道，还是一个超级享乐主义的人，都想让自己的薪水多点，试问有谁不愿意自己的钱包里的钱"多多益善"呢？

员工要想涨薪水，无外乎等着老板主动加薪和主动找老板加薪两条路。最理想的结果自然是老板下查民情，体恤员工，主动的给你涨薪水了。可是这种理想的结果一般是很难出现的。

用时下流行的唐长老的说话方式表达就是：你想要你就说嘛，你不说老板怎么会知道你想要呢？与其等待与守候，不如……

向老板提出加薪首先得有一个合理的正当的理由。当你提出加薪的要求时，老板首先考虑的问题是：你为公司做了多少贡献？绩效如何？你所创造的价值和你所获得的报偿是否匹配？如果不匹配，那应该再给你加多少？如果答应了你的要求，会给公司带来什么变化？会不会因此打破薪资平衡，引发其他员工的不满？等等这一系列问题其实也就是三个字"你值吗"。所以，在你准备向老板提出加薪之前，一定要想好自己的理由。

李红飞是一家公司的设计师，上周一他给老板提出了加薪的要求，在谈到加薪的理由时，他说："我的太太最近刚刚失业，孩子上初中，再加上其他的一些费用，目前的工资实在是不够，希望公司能考虑为我加薪。"

但是，领导并没有同意他的加薪请求，而是对他说："员工的价值在于是否达到工作的标准，公司加薪的标准在于你能够为公司创造多少财富，给公司做了多少贡献，而不是你本人的需求。"

从上面这位领导的话语中我们可以得知，一名员工在这个时候应该把谈话的重点始终放在自己的能力、业绩、工作态度……这些让老板感兴趣的内容上。这才是能够帮助你加薪的真正砝码。至于你要养家糊口、孩子上学、老婆生病等等这些家务事，是你自己的事情，老板没有义务帮你这个忙。

刚刚毕业的王志很幸运地谋到了一家消费品公司的秘书工作，由于是第一份工作，所以他格外珍惜，工作很努力，老板对王志的工作态度也很肯定，多次表扬他，但是却从没有提过王志最梦寐以求的加薪的事。

一次偶然的机会，王志得知和他一起进公司的同事早已加薪，但是对方的工作并未见得比自己优秀多少，王志心理很不平衡，甚至很气愤。于是他找到老板开门见山地表达了自己的不满，并要求老板加薪，否则他就辞职。

　　僵持之下，老板并没有答应王志的要求。这让王志一下子对工作失去了热情，开始敷衍应付起来。一个月后，老板把王志的工作移交给了其他员工，暗示王志他准备"清理门户"了。王志也觉得再做下去没有什么意思，赶紧递交了辞呈。就这样与这份工作失之交臂。

应该说王志以离职相威胁，企图让老板给自己加薪真是一次最大、最坏、最胆大包天的赌博，是不明智的做法。

王志的心情是可以理解的，当一个人受到了不公正的待遇，觉得憋屈、愤怒是人之常情。但是要知道，找老板谈话的目的是为自己争取更好的未来，是想让老板答应你的要求，而不是在毫无准备的情况下吃老板的"滚蛋包子"。

任何一个有头脑的老板都明白，为优秀的员工多花一点钱是值得的。但老板毕竟是老板，在员工身上花的成本越低，他得到的利润就越高。有些男人碍于情面，或不好意思直接跟领导谈加薪，但自己确实已经有拿高一点的工资的条件，可以不妨给领导敲敲边鼓。

　　赵林是一家保险公司的业务骨干，被部门领导视为左膀右臂，虽然他拿的薪水要比同行的高，但他在工作中的付出太多了。

　　"我不满意目前的工资水平，现在我能做的要么是跳槽，要么是让老板加薪。"

　　于是，有一次，趁着和部门主管聊得非常开心的时候，赵林假装不小心说走了嘴，透露出有另外的公司想用高薪挖他跳槽。

　　结果没几天，公司老板找到赵林，提出给他加薪……

当然，用这种方法提加薪的前提是，你必须找到一个能帮你给老板敲边鼓的人，或者是你本人，或者是比较欣赏你的直接主管。否则可能收到适得其反的效果。另外，还是那句老话，本着"拿多少钱，办多少事"的原则，在你打算向老板要求更多薪水的同时，最好先估量一下自己有没有理由让老板给你加薪。

有一些领导不习惯那种直来直去、张口谈钱的做法，不想把同事的加薪要求搞得跟在菜市场买菜一样讨价还价。他们更相信"说得好不如做得好"。面对这样的老板，你就要用实际行动来打动老板的心。

杨贵连续几次在部门的绩效考核中排名靠前，但薪水就是没涨。于是他认真总结了一下，发现虽然自己做事很卖力，但是要想得到理想中的薪资，还要做得更好才行。

从此以后，他不仅把自己的工作做得相当漂亮，而且，他还尽量帮助其他同事。三个月后，同事、主管都对杨贵的评价有了质的提升，等到项目成功收尾时，杨贵的工资也比以前多拿了许多。

这种办法的好处就是员工不必花过多的心思在工作之外，绞尽脑汁的想让老板加薪的理由，只要踏踏实实的做事，并且恰如其分地让你老板看得见，赢得他的"垂青"，加薪的事自然而然终究会水到渠成。

总之，跟老板谈加薪一定要有一个合理正当的理由，要注意自己的说话方式，这样可能会更容易实现目标，当然不管你是否能顺利的实现自己的加薪要求，在走出领导办公室的时候，仍要保持礼貌和笑容，不要加薪不成功又破坏了自己的形象。

4. 直言极谏未必是好事
——提建议的话，绕着圈说

时刻为公司和团队的发展着想，并能够向领导提出自己的建议，这本来是件好事。但是要知道这些建议只是你自己的一些想法，领导爱听不爱听那又是一回事。如果你不顾领导的感受，直言极谏，那么即使再好的建议也有可能遭到否决，因此，跟领导提建议，要绕着圈说。

人无论处在何种地位，处于何种境况之下，都喜欢听到别人的赞美，喜欢听到好听的话，这是人性的弱点，也是人类的共性。作为领导者依然如此，想想有哪个领导愿意和忍受自己的下属对自己老是有意见，有时甚至还用批评的语气对自己说话。

聪明的男人，为人处世往往是避其锋芒，他们从不过分外露自己的才能，因为他们知道那样只会招致别人的嫉妒，导致自己的失败。自古以来，直言极谏者数不胜数，最著名的例子还应是唐太宗时期魏征的直言极谏。可是又有多少和魏征一样得遇名君呢。再说，为了让领导接受你的建议，大家吵得昏天黑地，打得头破血流，最后说不定再搭上自己的身家性命，想想值得吗，就没有更好的办法了吗？

据《晏子春秋》记载，春秋时，齐景公有一匹心爱的宝马，突然暴病而亡。齐景公十分伤心，大发脾气，命令武士肢解马夫，同时命令不准任何人进谏，谁进谏便同时处死谁。当时宰相晏婴想上前劝阻，但皇上作出这样严厉的规定，如果直言相劝，

等于飞蛾扑火。于是晏婴装作很凶的样子，拿起刀来，做出一副要亲自杀掉马夫为皇上泄怒的样子，然后抬头问怒气冲冲的皇上："请教皇上，不知尧舜肢解人时，是从哪个部位开始的？"景公听了，马上醒悟过来：如果自己要做一个圣明君主，又怎么可以用如此残酷的方法杀人呢？所以无可奈何地对晏子说："好了！放掉他吧。"

从上面的故事中，可以看出晏子并不是犯颜直谏，而是采用曲折迂回的方式绕着圈向齐景公进谏，这样既让景公能够下得了台，同时又阻止了景公欲杀马夫的错误举动。由此可见，向领导进献忠言，主要是为了帮助其改正缺点，避免失误，只要能够达到这个目的，不管是顺耳还是逆耳的话都可以。但人们大都爱听顺耳的话，听好听的话，不愿听刺耳、逆耳的话，因此当向上司进献忠言的时候，应该采用委婉含蓄的语言，使他听得进去，这样效果会好得多。

但是有些人并不这样认识问题，他们认为只要主观愿望是为对方好，不管使用什么样的语言都可以。于是他们不顾及场合或对方的颜面，或铺天盖地，图一时痛快；或自恃有理，大谈特谈，搞得领导很被动，结果事与愿违。

南北朝时期的宋明帝刘彧，即位后奢侈腐化，大修佛宇，劳民伤财。他将自己的故居大肆修缮，称为湘宫寺，壮观华丽，里面建了两座五层高的佛塔。一天，他向随行的官员们炫耀说："那可是我的功德啊！我花费不少。"这时教骑侍郎虞愿高声说道："那都是用百姓卖儿卖女的血泪钱修起来的！佛祖如果有知，也会为百姓叹息，可怜他们。造塔之罪孽高于佛塔本身，有什么功德可言！"宋明帝听后，怒不可遏，当即令人将其赶下宫殿，差点杀了他。

虞愿虽然道出了老百姓的心声，虽是一剂良药，但是如果苦得别人咽不下去，与病何异？虽是忠言，为了刘宋的江山社稷，但逆得别人无法入耳，岂不枉费了一片好心。

亨利是一家家族公司的智囊团成员之一，他的提议一向有效，经常被老板接受。而他的另一位同事詹姆，却经常吃"闭门羹"，有时甚至碰得一鼻子灰。后来，詹姆不得不虚心向亨利请教。

亨利笑着解释说："其实，我哪有什么秘招呢？关键在于你表达建议的方式，可能未顾及到老板的面子。我们公司实行的是个人决策和集权管理，因而万一公司主要决策者作出错误决定，其他人员很难更改，因为这会有伤决策者的面子。如果下属雇员要向上级提意见，或者希望改变决策，前提条件是必须先顾全上司的面子。如果是我的话，我会先一声不吭、言听计从，然后在执行过程中，伺机再提出建议。由于环境因素的改变，原先的决策需要作某些调整更动，所以这时提出建议，老板一般都会欣然接受。而你的做法却不是这样！你常在老板作出决策的时候，就当着众人面另提唱反调的建议，不是摆明不给他面子吗？所以，你的提议再好，他也要断然拒绝了。"

每个人都有自己接受别人建议的习惯，因而当你准备向领导提出你的建议时，首先应该了解你的老板习惯以什么方式接受信息。如有的上司喜欢书面材料；有的上司喜欢数据分析；有的上司则喜欢面对一块书写板，让你不停地在上面书写，因为他喜欢这种视觉效果……只有先了解领导喜欢用什么方式接受信息，你才能投其所好，将自己想要表达的观点更好地传达给领导。

因而作为下属，当向自己的上司"进谏"时，你不仅要站在自认为对集体有利的角度，还要"换位思考"，站在上司的角度考虑问题。由于信息的不对称，往往你认为正确的意见，老板可能认为目前时机尚不成熟，所以"不便采纳"。同时在陈述时多用中性词语，语气委婉缓和，不要让领导感觉你是在将自己的想法强加给他，或是让老板觉得你是在卖弄自己，要记住你是在给老板"建议"而不是"提意见"。

5. 黑色玩笑开不得
——跟领导开玩笑的话，不能说

　　作为一名员工，一定要记住自己的身份，明白领导永远是领导，即使与领导相处的很密切，也要把握住一定的度。尤其是不要跟领导随意开玩笑，那不是一个拉近你和领导关系的恰当方式。

在工作当中，作为下属能与上司进行良好的沟通，这于公于私来说都是一件好事。宾主关系中有一定的友谊，这样在以后的工作当中大家可以更为默契，但是需要知道的是，作为下属，不能把跟领导的关系看的简单化，更不要跟领导开一些黑色的玩笑。

　　张路是一家公司的报关员，聪明能干，而且脑子转得快、言辞犀利，并且还具有幽默细胞，是公司的一颗"开心果"。可是这么优秀一名员工，在公司里却得不到上司的青睐。

　　张路工作相当努力，有时为了赶时间，一大清早就要赶到海关报关。满身疲惫回到办公室，上司不但不体谅他反而还不断地不分青红皂白地说他迟到、旷工，不管张路做怎样的解释都不行。这使张路感到非常的委屈，就向有经验的人求教。有经验的人问他："你平时是否在言词上有对老板不敬啊？"

　　这么一问，张路就想起了以前的事情，自己平时就爱与同事开玩笑，后来看到上司斯斯文文，对公司里的员工总是笑眯眯的，和蔼可亲，胆子一大，就开起了老板的玩笑。这天，老板一身簇新地来上班了，灰西装、灰衬衫、灰裤子、灰领带。张路夸张地大叫一声："老板，今天穿新衣服了！"老板听了咧嘴一笑，还未曾来得及品味喜悦的感觉，张路就又接着说了一句让老板十分不爱听的话："像只灰耗子！"

又有一天，客户来找上司签字，连连夸奖上司："您的签名可真气派！"这时，张路正好走进办公室，听了之后便是一阵坏笑："能不气派吗，我们老板在暗地里练习可有三个月的时间了。"张路这句话说出口之后，上司和客户便同时陷入了尴尬的局面。

从张路身上所发生的事情可以看出，开玩笑确实可以拉近同事间的距离，缓和人际关系，但是开玩笑要注意对象，有时如果玩笑开得过大，就有攻击人身的嫌疑，就是黑色玩笑了。黑色玩笑很容易破坏人际关系，张路对此却浑然不觉，这也就是为什么他聪明能干，却得不到重用的原因。

某服装公司的陈科长下午要去参加企业内部的一个大型会议，需要准备一些相关的材料，于是就把这件事交给了科里的张平，张平处理起这些事情来很有经验，很快就把陈科长需要的资料整理好了。陈科长一边翻阅资料，一边慎重的问："这份文件与会人员很重视，资料内的数字一个错误都不能有，你是否仔细校对过？"

想不到张平却好像很满不在乎的嬉皮笑脸的说："也许不会错吧？"张平的话音刚刚落地，只见陈科长把资料重重地往桌子上一摔，怒声说道："你这是怎么做工作的？一点认真态度都没有，怎么能说也许呢？拿回去给我重做。"张平顿时觉得自己很委屈，心想："这是怎么了，开个玩笑也不行啊。"

本来是一句开玩笑的话，可对方却信以为真了，结果就造成大家都很尴尬的局面。所以开玩笑要分场合，分什么样的人。陈科长要的资料，对参加那个会议十分的重要，所以他要求张平认真对待。但是张平却嬉皮笑脸，一副毫不在乎的表情，这也难免陈科长会伤心、发火。

孙斌是局长的专职司机，跟局长已经有年头了。由于他人勤快、会来事又老实，深得局长的信赖和赏识。但不知为什么，前几天局长突然让办公室主任把他给换了。这让孙斌十分的痛苦。过了一段时间，他才从局长秘书李伟那里打探到了局长换他的真正原因。原来，在一次出差途中，局长上车不久就呼噜大起。坐在副驾上的李伟冲孙斌一笑，轻声说了一句："嗨，瞌睡虫来得真快！"孙斌顺口搭了腔："哈，睡得像猪一样。"原以为，只是一个简单的玩笑调侃话，又是在局长睡着的时候说说，无伤大雅。没想到局长虽呼噜震天响，耳朵却敞亮，把孙斌说的比喻句听了个真切。见自己的司机也敢如此目无领导，局长怒由心生，就废了孙斌的武功。

如果不是李伟告知内情，孙斌就是想的吐了血也绝对想不到自己被废竟会是因为一句玩笑话。也许有人会说，这局长也真是的，什么人啊？至于吗？也太小题大做了吧？这位局长是不是小题大做这并不是我们要讨论的关键。主要问题是我们应该从中得出一点教训：就是不管你跟领导的关系有多好，什么时候都要保持谦逊之态，千万不可得意忘形，蹬鼻子上脸。敢跟领导开玩笑，那就等于拿自己的前途开玩笑。

开玩笑原本是一种友好的表现方式，能够拉近心与心之间的距离，促进双方情感的交流。但是上司毕竟不是你的朋友，朋友之间可以无所不谈毫无顾忌，可能就是你话语中带些讽刺、调侃的味道他都无所顾忌，但是对领导绝对不能那样，否则将是祸从口出，弄巧成拙。

6. 一万个"零"，不如一个"一"

——向上司汇报工作，要捡重点的说

男人要想获得事业的发展，就必须抓住一切与领导接触的机会。向领导汇报工作其实就是个表现自己的机会，但是在汇报工作的过程中应当注意切忌泛泛而谈、毫无重点，而应该是抓住中心，捡领导感兴趣的、有重点的说。

作为员工，应该积极向上司汇报工作，哪怕你只是做了任务的一部分，也应该积极的向领导进行汇报。因为这样一方面既可以显示出你比较尊重你的上司，另一方面上司也可以通过你的汇报，了解到你的工作成绩和效果，逐渐对你重视起来。

向领导汇报工作也要注意技巧。汇报的内容应该是领导比较感兴趣的。领导听你汇报工作的时间非常的有限，有时候可能就是几分钟，如果毫无重点的陈述那些陈芝麻烂谷子、程序既定的工作，那是没有任何意义的。向领导汇报工作，一定要突出中心，抓住重点。

电机公司的业务员陆明从一个用户那里考察回来后，敲响了经理办公室的门。

"情况怎么样？"经理劈头就朝陆明问道。

陆明坐定后，并没有急着回答经理的问题，而是显得心事重重的样子。因为，经理的脾气陆明很了解，如果直接将一些不好的情况告诉他，经理绝对会十分的生气，说不定还要批评自己没有能力。

经理见陆明的样子，已经猜出来肯定是对公司不好的消息，于是就换了一种方式问道："情况是不是很糟，还有没有挽回的余地？"

"有。"陆明很干脆的回答道。

"谈谈你的想法。"经理说。

陆明把自己考察的情况详细的报告给了经理："这次下去考察了解到，这些客户最近不再使用我们的产品，主要是因为他们已经从他们乡镇的一家工厂里直接进货。"

"怎么会是这样，你怎么看这件事？"经理问道。

"我想我们公司的产品会比那家乡镇企业的产品更加具有优势，因为无论是在价格还是在产品的质量上，我们都要优于那家公司，况且经过这几年的奋斗，我们的产品在省内外都具有一定的知名度。"

"呵呵，就是，一家乡镇企业怎么能和我们相比。"经理打断了陆明的回报，脸上有了一丝笑容。

"所以说，我相信我们肯定会改变现在的不利局面，最为重要的是，有好多客户都是多年来和我们一起合作的伙伴，与我们之间有着很好的合作基础，这是我们的优势所在，现在他们之所以答应要那家工厂的产品，主要是离得比较近，而且人家可以送货上门。如果仅仅是因为这样，我们直接在那个镇上设一个代理商就可以解决问题了。"

"小陆，你想问题很周到啊，不但分析得有条有理，最主要的是抓到了解决问题的关键，咱公司就需要你这样的人才啊。"

"经理您过奖了，这是我的责任。"陆明答道。

这件事后不久，陆明被调到了销售部做销售主任，专门从事产品的销售，公司产品的销售数额也逐渐增加，陆明也逐渐的受到了公司领导的关注和赏识。

跟领导汇报工作最重要的是提出解决问题的方案而不仅仅是简单地向领导汇报你的成绩和提出一些问题。作为员工要明白汇报问题的实质是求得领导对你的方案的批准，而不是去问领导这些问题怎么解决，这件事情该怎么做。否则事事上司拿主意，要下属还有什么意义呢。

向上司汇报工作还要注意选择合适的时机，如当领导受到上级批评，工作遇到困难、不顺心，身体不舒适，家庭生活出现裂痕，领导的精神、情绪会低落、苦闷、烦躁等。这时你最好不要跟领导汇报工作。还有当领导正要准备和客户谈判，或准备去开会的时候，也不宜跟领导汇报工作。如果这时你说："老板，我想跟您汇报一下这段时间我的工作。"想想你的老板会怎么答复你?!

一个男人在职场中要想取得成功，必然要学会善于向领导汇报工作，因为在汇报工作的过程中，他能得到领导对他最及时的指导，更快地成长，同时汇报工作的过程中，他能够与主管建立起牢固的信任关系。

7. 领导很生气，后果很严重
——领导不爱听的话，不要说

作为下属，跟领导说话一定要注意分寸，不能说领导不喜欢听的话，这是职场上的一条潜规则。如果你信口开河，贸然出言，惹怒了领导，将会使自己身陷危机，也有可能因你的一时失言而断送了自己的前程。

在职场中与上司搞好关系，无论是对于自己还是公司来说，都是极为有利的。在公事上，由于上下级关系上掺杂了友谊的成分，在处理工作上会较为默契；在私事上，处理好和领导的关系，可以使自己获得一定的安全感，在以后的工作中也会比较顺利。

领导毕竟是领导，不是一般的同事或朋友，当然与同事和朋友的交往也应该注意分寸，同领导说话一定不能毫无顾忌，想说什么就说什么。因而，在与领导进行谈话或汇报工作的时候，一定要小心，注意和领导应对时的一些细节。

比如说：

在回答领导的问题时，你毫不在乎的说："随便！"、"可以！"、"知道了，行了"，这样的回答只会让领导觉得你不懂礼节，而且感情冷漠，做事情不认真，这样的印象留在他心中，他在以后的工作中怎么会重用你？

对领导说："您这样做，让我好感动！"需要注意的是，"感动"一词通常是用在上级对下级的言语上。举个例子来说，在检查工作的时候，领导说："你们工作认真刻苦，同志们的这种精神我很感动！"但如果下级对上级用感动这个词，就有些不太恰当。在赞美领导时，一般都用"佩服"，如："某某主任。我很佩服您处事的能力！"这样的话说出去，一般都比较符合各自的地位，让双方彼此听起来也都比较舒服。

对领导说："这件事你不清楚！"这样的话就是跟你再熟的人恐怕也听起来不好受，对领导说这样的话，后果那就可想而知了。

对领导说："您辛苦了，有劳了！"这可不是一句下属该跟领导说的话，这是上司对下属表示慰问或者犒劳的话。对领导说这样的话，似乎有些不妥。

在听到领导安排的工作后，对领导说："任务太艰巨了，不好办！"对于领导分配下来的任务，而下级却说："太难了，不好办！"这就会让领导觉得你是在推卸责任，另一方面你这种委婉的拒绝会让领导感到很没有面子。一种比较积极的回答应该是："尽管我以前没有做过类似的工作，但我可以试一试，我会让您满意的。"与前一种回答相比，肯定是后一种回答有利于得到老板的赏识，并得到升职的机会。

或者对领导说："怎么现在才说啊，太晚了！"这句话的意思很明显，就是嫌领导的动作太慢，这种带有埋怨、责备口吻的话是作为下属的向领导说的话么？

诚然，与领导交谈时的禁忌远远不只是上面列举的这些，一个男人，要想在职场上混得开，混出个人样来，就一定要明白与领导的相处之道。在这列举这几个简单的例子无非是想提醒读者朋友们，在与领导的谈话中要注意多长个心眼，话要在嘴里多打几个圈。

"世事洞明皆学问，人情练达即文章。"这两句诗是出自曹雪芹所著的《红楼梦》，其意义为：真正弄懂了世上的事情本质，就是一门精深的学问；人情世故处理的和谐、圆融，就是一篇美丽的文章。一个在职场上打拼的男人，如果能够达到这种境界，深谙其中的真意，那么干事情就会比别人稍微顺利一些，获得成功的几率也就比别人大一些。

8. 给自己留条后路

——不能确定的事，模糊着说

男人说话要学会给自己留后路，不能把话说死。不可否认，以坚定的态度把话说得明明白白给人一种自信、爽快的感觉，但是当我们在表态或许诺时，以绝对肯定的语气直接把话说死，有可能给人留下话柄。

所谓的模糊表态，就是对别人的请求或者是意见做出间接的、含蓄的、灵活的表态，避免最后事与愿违的尴尬和承担不必要的责任。通俗的讲也就是不给人留下话柄，说话的时候给自己留条后路。

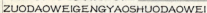
当公司的领导就某项决策或方案征求职员意见，或朋友、同事寻求你的帮助的时候，在表现自己、表达自己意见的时候，别忘了给自己留一条后路。因为如果事情按照大家的意愿顺利实现。那自然是皆大欢喜，但是如果出现了问题，人人自保，互推责任，有可能承担的责任就落在当时发表意见时每个人的说法上了。所以，当你在公司决策上发表自己看法的同时，别忘记加上一句话："这仅仅是我个人的想法，还要看上级的最终决策。"或对朋友、同事说："这只是我个人的一点意见，仅供参考。至于……，还要看你……"

食品公司的产品部经理在每个产品进行市场预测的初期，总是要开公司会议，还经常叫上销售部和设计部共同讨论。同时，私底下也会征求个人意见。

"初生牛犊不怕虎"，开会的时候，公司新来的两个员工刘刚和张平都表达了自己超前的思想，得到了公司领导包括销售部和设计部的好评。而且两人在阐述自己想法的同时，还强调如果按照他们的方法做一定会成功。产品部经理当即表示要刘刚和张平一起写一份详细的计划书出来，公司一定会认真考虑。此话一出，刘刚和张平二人欣喜若狂。

作为新人的他们能得到领导如此重视，想来自己也算是幸运的吧。但是新产品在销售的过程中出现了问题，销售额比计划的少了很多，这让产品部的经理极为恼火，公司上下非常的紧张。事后，当公司处理这个问题责任的时候，刘刚和张平成了众矢之的。而本该为这个项目负责的产品部经理、参与产品研讨的销售部经理、设计部经理却安然无事。最后，刘刚和张平出于无奈，递交了辞职信。

作为局外人，大概都认为那些领导应该为这件事情负责吧。因决策上的失误而对公司造成的损失，应该由领导层负主要责任。因为，领导不仅肩负着本部门的工作，重要决策的决定全由他们所掌握。但这次公司新产品出了问题，为什么不让领导来负责，而是拉出了刘刚和张平这两个替罪羊呢？其主要原因就在产品部经理让刘刚和张平共同写的计划书上，当初让他们写的原因是希望参考年轻人的想法，当然，如果出现问题自然有文字上的东西为公司中层们开脱。

刘刚和张平也有问题，他们不懂得"模糊表态"的说话方法，最终留下了话柄。他们在开会时不仅表明了自己的想法而且还说"按照这个方法来做一定能够成功"这样绝对的话。这种飘飘然的自我夸大，也注定了他们最后自讨苦吃的结果。当公司要追究责任的时候，产品部经理把刘刚和张平共同写的文书一交，说这份计划是他们两个一起做的，把自己的责任推得一干二净。

所以，当别人征求你意见的时候，一定要注意运用"模糊表态"的方法，千万别忘了加上一句"这仅仅是我个人的想法，仅供您参考，用不用还要您自己决定"，不把话说死，不仅在关键时候不用承担不必要的责任，而且也达到了明哲保身的效果。当然，"模糊表态"也并不完全是为了关键时刻不用负责任，同时也是为了提示领导，自己的意见也许有不周到、不成熟之处，不要让自己的意见误导了领导的决策。

有时候"模糊表态"还可以作为拒绝别人的最佳方法，既给对方留了面子，也不会让自己为难。它可以给对方保留一点希望之光，有利于稳定对方的情绪。

向你寻求帮助的人，内心总是寄予着厚望的，希望在你的帮助下，事情能如愿以偿，完满解决。如果事情比较简单，不用怀疑，你肯定会直接肯定的答应。但是如果你的能力有限，去直接生硬的拒绝对方，很可能因过分失望或悲伤，心理上难以平衡，情绪难以稳定，产生偏激言行，有碍于人际交往。

如果你在此时运用模糊表态的方法，不把话完全说死，使他感到事情并非毫无希望，也许经过更多的努力或者过一段时间机会降临，事情会向好的方向转化，因而情绪趋于稳定。即使他求你的事情真的没有办成，你也不会因此失信于人，也不会因此事而影响与他人的交往。

当然，凡事无定法，也并不是说在任何情况下都要"模糊表态"，老是模糊表态，想"明哲保身"也不利于自己的人际交往。任何事情的发展变化都得有个过程，有的还得有一个相当长的演变过程。当事情处于发展

变化初期，还把握不住事情发展的定向时，这就难以断定其事情的实质和本相。这时，就需要等待、观察、了解、研究，切不可贸然行事、信口开河地去下定论、瞎承诺。因此，如何运用"模糊表态"，需要就事论事，不可教条照搬。至于怎么运用需要看情况使用。

9. 积极的人才能找到更多机会
——帮上司打圆场的话，积极地说

聪明的男人，在看到自己的上司遭遇尴尬时，会及时的想办法帮上司打圆解困，使领导及时摆脱尴尬，而不是像局外人一样傻站在那里，看自己老板的"笑话"。

如果现实生活中你是这样一个男人：善于为你周围的人解围、打圆场，那么，你就可以获得别人更多的信任和赏识，提升自己的人缘魅力。男人在生活中会遇到很多这样的情况，比如：自己的上司处于尴尬局面，这时候你就需要为他们解围、打圆场，使他们不至陷于尴尬之境，使事情出现转机。

作为上司，一般都好面子，尤其是在下属面前，他更要树立起自己的威信。如果在公共场合遭遇尴尬，那是件非常令人沮丧的事。在这种情况下，作为下属的你就要站出来，帮上司打个圆场，缓和一下尴尬气氛，上司肯定会对你这样的下属心存感激。相反，如果上司遭遇尴尬时，你只想着自己摆脱干系，自己管自己，不帮助上司解围，那么你在这个上司手下工作的时间也就不会太长了。

超强电器公司因为产品售后问题引起了很多人的投诉，很多记者闻讯到该公司采访。记者在公司门口遇到了经理秘书王斌，便向他询问情况。可是王斌害怕自己承担责任，就对记者说："我们经理正在办公室，这个问题你们还是直接采访他比较好！"这下可好，记者们像汹涌的浪潮般闯入了经理办公室，经理躲也躲不开，只好硬着头皮一个人应付记者们的狂轰滥炸。

事后，经理得知王斌不仅没有提前向自己汇报情况，还将责任全部推到自己身上，非常生气，不久就将他解雇了。

公司因销售问题而引起媒体的注意，这本身对于公司和主要领导人来说都不是一件什么好事。此时，聪明的下属不仅会对记者讲明问题的原因，还会极力维护领导的面子和威信，而不是像王斌一样将责任推到领导身上。而作为领导在这种关键时刻，最需要的就是下属能挺身而出，甘当马前卒，替自己演好"双簧戏"。事情摆平之后，领导自然心中有数，会在适当的时候给这样的下属一定的"好处"。若下属因怕担责任或没有眼色，将领导弄得很尴尬，那这名下属以后的道路就不言而明了。

慈禧太后爱看京戏，看到高兴时常会赏赐艺人一些东西。一次，她看完杨小楼的戏后，将他招到面前，指着满桌子的糕点说："这些都赐给你了，带回去吧。"

杨小楼赶紧叩头谢恩，可是他不想要糕点，于是壮着胆子说："叩谢老佛爷，这些尊贵之物，小民受用不起，请老佛爷……另外赏赐点……"

"你想要什么？"慈禧当时心情好，并没有发怒。

杨小楼马上叩头说道："老佛爷洪福齐天，不知可否赐一个'福'字给小民？"

慈禧听了，一时高兴，马上让太监捧来笔墨纸砚，举笔一挥，就写了一个"福"字。

站在一旁的小王爷看到了慈禧写的字，悄悄说："福字是'示'字旁，不是'衣'字旁！"杨小楼一看心说：这字写错了！如果拿回去，必定会遭人非议；可不拿也不好，慈禧一生气可能就要了自己的脑袋。要也不是，不要也不是，尴尬至极。慈禧此时也觉得挺不好意思，既不想让杨小楼拿走，又不好意思说不给。

这个时候，旁边的大太监李莲英灵机一动，笑呵呵地说："老佛爷的福气，比世上任何人都要多出一'点'啊！"杨小楼一听，脑筋立即转过来了，连忙叩头，说："老佛爷福多，这万人之上的福，奴才怎敢领呀！"

慈禧太后正为下不来台尴尬呢，听两个人这么一说，马上顺水推舟，说道："好吧，改天再赐你吧。"就这样，李莲英让二人都摆脱了尴尬。

男人在职场上打拼，在很多情况下，都希望自己的上司能帮助自己解围，其实，就领导和下属而言，工作上的支持是相互的和对等的，处于工作矛盾焦点中的上司，同样也希望自己的下属能在关键时刻为自己解围，只是由于碍于自己领导的面子而不好意思说罢了，这些都是人之常情。因而作为下属，要善于为领导解围，打圆场，不仅可以获得领导更多的赏识和信任，还能提高自己的工作能力。

第四章

能做会说有人帮，只做不说遭人挤

闷头做事容易，但又能做好事情，又有好口才难。有的人说起话来头头是道，每一句话都能说到别人的心坎里，让人心情愉悦，成为他的好朋友；而有的人嘴"太臭"，处处揭人伤疤，惹人厌烦。说话是一门艺术。男人在说话的时候，要先看好对象、时间和场合，注意说话的分寸，否则吃亏的就是自己。

1. 幽默也是一种智慧
——幽默的话，在合适的时候说

　　男人需要幽默，就像女人需要一个漂亮的脸蛋一样重要。幽默是一个人智慧、机灵、学识、风趣的综合表现。它是一种积极乐观的人生态度，反映了男人在待人接物中内在的精神自由。幽默是一种语言艺术。没有幽默的男人不一定就差，但懂得幽默的男人一定是一个优秀的男人。

　　男人以幽默化解事业中的种种困难，摆脱挫折、失意和烦恼等坏心情。从某种意义上说，幽默是化解人际交往矛盾的调和剂，是活跃和丰富人类生活的兴奋剂，是一种高雅的精神活动和绝美的行为方式。学会幽默对男人的事业成功具有重大意义。

　　男人不能没有幽默，否则就没有了魅力。就像女人没有一个漂亮的脸蛋，就会少了一份可爱是同样的道理。

　　据说苏格拉底的妻子是个脾气十分暴躁，而且心胸狭窄，性格冥顽不化，喜欢唠叨不休，动辄就破口大骂的女人，常使著名的哲学家苏格拉底困窘不堪。

　　有一次，别人问苏格拉底："为什么要娶这么个夫人？"

　　他回答说："擅长马术的人总要挑烈马骑，骑惯了烈马，驾驭其他的马就不在话下。我如果能忍受得了这种女人的话，恐怕天下就再也没有难于相处的人了。"

　　有一次，苏格拉底正在和学生们讨论学术问题，互相争论的时候，他的妻子气冲冲地跑进来，把苏格拉底大骂了一顿之后，又出外提来一桶水，猛地泼到苏格拉底身上。在场的学生们都以为苏格拉底会怒斥妻子一顿，哪知苏格拉底摸了摸浑身湿透的衣服，风趣地说："我知道，打雷以后，必定会下大雨的。"

苏格拉底在学生面前被老婆欺负，本应该是一件很丢脸的事情，但是他没有暴跳如雷，反而能够很大度地以一个幽默化解尴尬，显示他的高明之处。工作中难免会遇到令自己烦恼、尴尬的事，生气、发脾气无济于事，不如用幽默的方式去处理，因为幽默表达的是善良的意愿，也不会伤害人。幽默可以让你更理性地处理问题，烦恼、痛苦、忧虑、紧张则会影响你的思维；幽默还可以让你全面地分析问题，抛开脑中的负面因素。

到了晚饭的时间，一位老人在一家饭店里点好了菜，可是等了很长时间也不见有人把饭菜端上来。

老人起初没有着急，心想："我再等一会儿，饭菜就会端上来了。"就这样又过了大约半小时，老人终于忍不住了。他对服务员说道："请给我拿一张纸和一支笔来。"

服务员迟疑了一下，问道："您要纸笔干什么？"

老人非常严肃地回答："今天我是无法吃到那份我点的晚餐了，既然如此，我想立下遗嘱，把它给我的继承人享用。"

服务员听了后十分惭愧，连忙对老人说："对不起，我马上再去催催。"老人非常幽默的提醒了一下服务员，这样既能起到提醒服务员的作用，又会让服务员自己感到自责。相反，如果老人大吵大嚷，不仅容易气坏了自己的身体，而且会和服务员闹得很尴尬。所以说与其大吵大闹破坏自己的好心情，倒不如和气地表达自己的意思。幽默不仅可以化解矛盾，还能让人与人之间的关系更加融洽。

幽默是人们化解矛盾的一种方法。它可以让不愉快的事情化小。面对生活中可能引起的麻烦事，你可以借助幽默，把麻烦放在一个适当的位置而不至于过分忧虑和不悦。以轻松的态度对待麻烦，享受快乐，在享受快乐生活的比较之下，麻烦也将变得不那么重要了。

当你和同事存在矛盾，或者需要解决问题的时候，你不妨用幽默的方式去解决它。这样做不仅可以顺利地解决问题，还不会让对方下不了台。你对同事的理解，同事也一定会记在心里。"笑一笑，少一少"，你会为同事增加更多的乐趣。

懂得幽默的男人都是能够给身边的人带来欢笑的人，他们也没有因为自己的窘态而郁闷，反而有着自嘲的勇气。懂得幽默的男人并不在乎在同事面前丢掉"面子"，因为他可以用幽默为自己化解尴尬，是挽回颓势的"软武器"。

美国凤凰城的著名演说家罗伯特在70岁生日时，有很多朋友来看望他，其中有人劝他戴上帽子，因为他的头已经秃了。罗伯特风趣地回答说："你不知道秃顶有多好，我是第一个知道下雨的人！"

幽默不仅让自己心情放松，同时也会给同事带来很大快感。幽默也是一种个性的表现，能反映出你的开朗、自信和智慧，从某种意义上讲幽默是个人竞争的一种手段，能增加自己的个人魅力。幽默对人际交往大有好处，它会使人显得更容易接触。同事和你接触很快乐，不会觉得和你有距离感。

男人在工作中总是会遇到各种各样的小麻烦，即使是天资聪明的人也难以保证不出现窘态。所以人们在做出蠢事之后，羞赧不堪、躲避众人的耳目。换个角度看问题，也许这些事情会带来一些有趣的事情，关键要看你是否能够保持幽默，能否做到一笑置之。

总之，懂得幽默和自嘲的男人，不仅是具有才情的，也是心底宽阔、把事物看得透彻的人。幽默是一种品质，也是一种能力，更是对生活的一种态度。职场中，有幽默感的男人，往往会通过片言只语，让同事感受到愉快的信息，很容易对自己产生好感。当然，幽默也要防止触霉头，不要在不该幽默时乱幽默，否则会适得其反。

2. 巧妙的拒绝，风景依然美好
——拒绝的话，要艺术地说

　　人在职场，同事向你提出要求该怎么办？如果要求是无礼的或者是不合时宜的，那你当然应该拒绝。但是，拒绝同事也应该讲求方式方法，不要冷眼相对，否则会破坏同事间的关系。如果拒绝得巧妙，风景依然会美好。

　　中国人讲求中庸之道，这种观念会让人们在拒绝对方的时候，给自己设定了心理障碍，给自己背上了心理负担。这种传统的观点使得很多人成为不敢和不善于拒绝别人的人。这样的人总是给自己带着一副假面具，总是满口答应下来，事后又后悔不迭。这种"无力拒绝症"，使自己在工作中感到疲惫。

　　在工作中，你常需要面对上司、下属和客户等人的许多要求。面对这些要求，你做事首先应该有原则性。第一，与职责有关，责无旁贷的应该答应；第二，虽然与职务有关，但是请求的内容不合时宜或不合情理要拒绝；第三，你没有义务给予承诺的请求要拒绝。人在职场，不但要清楚自己作为一名从业者的"职责界线"，更要清楚自己作为一个职场人的"心理底线"。

　　在工作中，你要明白自己应该做什么，不应该做什么，应该答应什么，不应该答应什么。该你做的事情，你就应该认认真真地完成，不需要理的事情当然没有义务去费心，更不要因为一些跟你没关系的事情，耽误了自己应该专心做好的事情。

　　当然，在拒绝别人的时候，你也应该注意自己的态度。你应该感谢那些要求过你的人，不要冷眼相对，伤害对方的自尊心。别人请求你帮忙是看得起你，你可以拒绝对方，但不必居高临下、盛气凌人或者不耐烦。你不友好的态度，很有可能挑动对方敏感的神经。就算是对方的要求真的很不合理，作为一个男人，一点点容人之量、心胸开阔的修养也应该是有的，不必要让对方难堪。

　　那么，在拒绝别人的时候你还需要注意一些什么问题呢？拒绝别人需要顾及工作环境，适应环境中的不同人群，掌握职场不同人群的特点，对症下药。如果对方是个爽朗的人，你就可以直接说你做不到；如果对方是一个小心眼的人，你除了婉言拒绝，还可以给他一个拒绝的理由。

　　切不可因为不敢说"不"，就给对方开空头支票。有些人明明做不到，但又不好意思说，结果敷衍了事，耽误了对方的计划、伤害对方，自己在对方心目中的肯定评价也会被扼杀掉。还有的人在拒绝对方时，总是因为各种原因不敢据实言明，致使同事摸不清自己的想法，甚至产生许多不必要的误会。比如，你语意暧昧地回答别人："这件事似乎很难做得到吧！"尽管你是拒绝对方的意思，但很容易被对方看成是你能够办到，只是你不太愿意帮他，或者是想要点好处等等。

　　所以，你拒绝时的态度要坚决，避免迂回曲折。而在婉言拒绝的时候，一定要让对方觉察到你的态度，不要绕了半天连自己都不知道表达的是什么意思，更别说对方了。

　　赵刚的一位同事在公司办公室的走廊与他不期而遇，下属忙停下脚步："哎呀，老赵，好不容易终于碰上你了。我有一个问题，一直想向你请示一下该怎么办，你帮帮我吧！"接下来，这位同事如此这般将问题说了一番。尽管当时赵刚有事在身，但还是不好意思让这位同事对自己失望。赵刚非常认真地听着，可实际上自己是心急如焚，因为他也有很重要的事务要处理……

　　几分钟后，赵刚看了看手表："噢，不好意思，我现在正有急事处理。这个问题，看来我一时半会儿答复不了你。这样吧！让我考虑一下，过两天再给你回复好不好？"他赶忙离开，不知不觉中也背上了一个重重的心理包袱。

两天后，同事如约打来电话："老赵，前两天和你商量的问题，你考虑得怎么样了？"忙乱中，赵刚想了一下，才记起同事讲的是哪一件事。"哦，实在不好意思。这两天我特别忙，还没有顾得上考虑这个问题，你再过几天来看看，好吗？"同事非常体谅地说："没有问题，没有问题。"

一周之后，赵刚又接到了同事的电话。不等他开口，赵刚自己已经感到歉意，并再一次请求同事"宽限"几天……

此刻，赵刚似乎有些焦头烂额，因为现在他的内心已满是内疚，后悔当初没有直接拒绝对方的请求，让自己陷于被动当中。

面对那些你无法做到，或者不合理的请求，就应该大胆地说出"不"字。如果你打算拒绝，就要坚决地表达。比如："感谢你看得起我，但现在不方便"或"对不起，我不能帮忙"。你不需要过分道歉，你什么也没有做错。记住，你不需允许就能拒绝。你有拒绝的权利，就像是他们有权要求帮助。

学会巧妙地拒绝别人是一件不太容易的事情，你应该给自己一些时间。你先要打破自己爱说"是"的习惯，给自己一些思考的时间，然后说出你的选择。你选择拒绝时，要让对方明白，你不是排斥他，你只是拒绝他的请求。

实际上，就拒绝行为的双方来说，主动采取拒绝行为的人是站在有利的立场上的，这种有利不光是对自己有利，也是为对方考虑。因为答应就要求采用合适的方法和相应技巧，但如果你没有很好地完成，就容易造成对对方的伤害，引发怨恨和不满，甚至导致人际关系的破裂，引起各种难解的纠纷，使自己陷入非常被动的麻烦境地中。你可以换位思考一下，你满怀希望去请求别人帮助，结果事情没有办成，还浪费你的时间，这比当面被拒绝更加让人愤怒。对于自己无法完成的请求，你应该自信十足地去向对方解释，态度明确而委婉地表达自己的观点，不要给交往双方都造成心理上无法弥合的缝隙。

3. 委婉地表达善意的批评
——批评的话，要委婉地说

批评别人要讲求方式方法，尤其是对待同事，当有他人在场时，不管你的批评是多么的善意，都应该用委婉的方式表达自己的观点，以不伤害对方的自尊心为第一原则，这是为人处世的生存之道，也是在职场上需要懂得的道理。

在工作中，我们是否看到过这样的情景：批评者正襟危坐，板着面孔，言辞激烈；被批者诚惶诚恐，灰头土脸，唯唯诺诺。我们是否应该思考，批评别人一定要用狂风暴雨般的方式吗？这种批评方式不仅缺乏人情味，而且批评效果往往会大打折扣。从被批评者的角度讲，心理也会感觉不舒服、心里不服气。这样一来，在彼此的心里就会结下一个疙瘩。

要知道，批评的目的是让被批评者改正错误。如果你是批评者就应该采用一种友好、委婉的方式，这体现了一种尊重，表达了一种理解，营造出了一种和谐。委婉的批评，应该是循循善诱地摆事实，讲道理，这样可以消除被批评者的紧张心理，可以促使对方发自内心地认识错误，诚心诚意地改正错误。

另外，在职场中，你遇到的人一定是善于接受别人批评的人吗？如果不是，他不仅不能够接受你的批评，而且很有可能激怒对方。毕竟一些人是有嫉妒心的，要面子的，如果你不注意批评的方式方法，就等于是在宣布你比他强。

在批评别人的时候懂得委婉非常的重要，可以避免对方感到不舒服。

如果你能够委婉暗示，就如同苦药丸外面的"糖衣"，不影响治病救人的最终目的。

　　春秋时期发生过这样一个故事，烛邹替齐景公饲养的爱鸟不小心飞走了，景公发怒要杀烛邹。在这千钧一发的时候，宰相晏婴站出来说："烛邹这书呆子有三大罪状，请大王让我列举完以后，再按罪论处。"得到景公的允许后，晏婴把烛邹叫到景公的面前说："你为大王管理着爱鸟，却让它飞走了，这是第一条罪状；你使得我们大王因为鸟的事杀人，这是第二条罪状；更严重的是各国诸侯听了这件事后，以为大王重视鸟而轻视读书人，这是第三条罪状。"数完这些所谓罪状后，晏婴便请景公把烛邹杀掉。景公尽管残忍，但从晏婴的话里听出了利害，就对晏婴说："不要杀了，我听从你的命令就是了。"

宰相晏婴不直接表达自己反对齐景公荒唐做法的意愿，相反却顺势而下，因势利导，故意推导出一个更加荒唐的结论，让齐景公看清自己的过错，做出正确的取舍。这种批评体现了含蓄委婉的妙用。批评的方法得当，可以达到预期的效果，反之方式不对，一定引起对方的反感，你的善意也会让对方误解。这不仅不能帮助对方纠正错误，甚至连自己也要受到"池鱼之殃"。在职场中，人际交往的和谐很重要。所以，在批评人的时候，男人应该换一种态度，换一种说话的口气，观点表达一定要委婉，避免让对方心里不舒服。男人应该学习如何通过艺术和巧妙的方式，把真话说出来，让对方乐意接受，乐意改正。

　　其实做到忠言顺耳并不难，你可以从以下几个方面努力，既能提醒别人的错误，但又不至于让对方不高兴，从而建立起一种和谐融洽而又积极高效的人际关系。

　　第一，当你成为批评者的时候，应该懂得换位思考。当人犯了错误之后，心理一定会变得敏感，情绪紧张。如果你还用激烈的语言来批评他，就会加重他的心理压力，促使彼此之间产生矛盾。当批评别人时，你要时时刻刻反问自己："我是否针对当事人了？""我是否忽略错误本身了？""我是否伤害了对方的自尊心呢？"在批评对方的时候，多说说鼓励的话，这比讲大道理更有益，比如："我想你现在可能很难受。""我相信你下一次一定会做好的。"

第二，你一定要真诚。真诚可以打动人，真诚可能让对方更容易接受批评。如果你的态度不够真诚，对方会觉得你是想显示自己，或者是想看他的笑话。你可以用这样的话开头，可能效果更加好："其实，我也犯过这样的错误。""大家都明白你已经尽力而为了，虽然结果还是出了错，但是我们能够理解你。"

第三，批评不应该是关注于对方犯的错误有多么的严重，而是应该关注为什么错，计划如何改正。你也不要指责对方。指责只会让你与同事之间陷入恶劣的情绪之中，导致影响理智和判断力。比如，你指责对方说："我都跟你说过多少遍了？为什么你总犯同样的错误呢？""我觉得你真的是无可救药啦！"毕竟，事情已经发生，不会再有任何的改变，最重要的是从中吸取教训，不再被同一块石头绊倒。

第四，在工作中，即使是一般的说话也不是随便乱说就可以的。在批评别人的时候，你的性格太直爽，说话太直接了，会让对方难以接受。很多时候，在职场上打拼的人是没有可以"直率"的空间的。不懂得处事艺术的男人，莽撞行事就会很危险。这种危险并不会因为你的观点是对的，或者你的批评毫无敌意而降低。所以，你在批评对方的时候既要看他的身份，还要看他的性格，然后找准时机，才说出自己的观点。

俗话说"忠言逆耳利于行"，批评的本质虽然是惩罚，是对人的一种否定，但它的目的应该是积极的。如果你是批评者，就让自己的言语含蓄委婉一些，努力使被批评者能真正理解到批评中的好意，他自然会从善如流。

4. 得饶人处且饶人
——和同事讲理的话，不用太多说

得饶人处且饶人。这是一种宽容，一种博大的胸怀，一种不拘小节的潇洒，一种伟大的仁慈。自古至今，宽容被圣贤乃至平民百姓尊奉为做人的准则和信念，作为一个男人工作中应该宽容大度一些，不要得理不让人，失了风度。

在这个世界上，人不讲理，是一个缺点，但是人硬讲理，又是一个盲点。在工作中，理直气"和"的人往往比理直气"壮"的人更能改变人。在职场上的人们切记：不要咄咄逼人，留一点余地给得罪你的人，让对方有一个台阶下，否则，不但消灭不了眼前的这个"敌人"，还会让身边更多的朋友因而胆颤、疏远你。聪明的男人应该懂得留一点余地给那些得罪自己的人。

夏磊是一位从美国毕业的博士生，回国后到了一家贸易公司上班。在公司里，夏磊不但学历高，且口才极佳，业务能力也强。来到公司没有多长时间，就已经取得了一定的成绩，十分受老板器重。可是，每当他听到其他同事提出一些较不成熟的企划方案时，或是某些时候得罪到他时，他总会毫不客气地破口大骂，指责对方没有工作能力。在他的观念里，这样做并无不妥！因为这一切都是"师出有名"，如果不是别人有误在先，也轮不到他开炮啊！

渐渐地，夏磊被公司的同事孤立，工作起来十分不顺手，最后只能选择离开了公司。夏磊始终觉得自己很委屈，他仍不断地问自己："难道我的观点错了吗？难道我发的脾气都是没有道理的吗？"

故事中的夏磊离开公司的原因，不是因为能力欠佳，而是因为人际关系紧张。这是他在职场上做人的失败。同事的想法不够成熟，夏磊应该帮助他，这样可以赢得更多的赞赏；同事得罪了他，他可以淡淡一笑了之，能显得自己很有风度。一个公司就是一个团队，和谐的工作氛围十分的重要。像夏磊这样得理不让人，只会让周围的同事讨厌。

"金无足赤，人无完人"，"海纳百川，有容乃大"，宽容他人会展示你为人的博大胸怀和做事的恢弘气度。再杰出的人都会有出错的时候，你应该试着容忍别人的错误，退一步海阔天空。容忍别人的错误，你会得到他的感激与报答。

日本的索尼公司倡导尊重每一位员工，使人尽其才，安心工作。同时也能容忍员工的不同意见，包括一些难以避免的错误。索尼公司的观点是：只要有错即改，引以为戒，那就还有挽回余地。

盛田昭夫就曾对他的下属说过："放手去做你认为对的事，即使犯了错误，也可以从中得到经验教训，不再犯同样的错误。"这体现了索尼公司的容人之心、宽容之心。这样，下属员工才敢放心大胆探索、实践，发挥创意，才有利于调动每一个员工的聪明才智。

盛田昭夫的话就代表了一种容人之量。在职场上，人们应该学习盛田昭夫的气度和说话，而不能像夏磊的行事作风一样总是得罪人。老百姓常常这么说："得饶人处且饶人，退一步海阔天空。"在职场中，人们难免会碰到一些未曾预料的事，难免会有做错事、说错话的时候。谁都有犯错误的时候，今天是别人得罪了你，有可能下次就是你得罪别人。所以，得饶人处且饶人，不管自己多有理，只要对方认识到了错误，你就不必再向对方讲道理了。批评对方的错误应该适可而止。

在职场中，无论你遇到什么事情，都一定要保持冷静的头脑来对待或处理某件事情，不要因为对方得罪了自己就丧失理智。无论何种情况，你在做什么，都必须得学会提醒自己"得饶人处且饶人"。很多人不善于控制自己的情绪，当别人得罪了自己时，就会狂风暴雨般指责别人。这种不留情面的指责只会加深彼此之间的矛盾，弄得对方没有退路可走，这又何苦呢？"宽厚忍让"能够为你带走一些不必要发生的麻烦和琐事，"化干戈为玉帛"，也许有更多的收获和意外的惊喜，何乐而不为呢？你开口说的时候必须得学会自审，方能让自身不断地得到升华。

人的言语也可以成为一把伤人的匕首。别人做了对不住你的事情后，心里也会有所愧疚，如果对方能够向你赔礼道歉，你气不忿说几句，谁都可以理解，但不要得理不饶人。中国人讲究"推己及人"，"己所不欲勿施于人"，如果这次得罪人的是你，你希望自己被骂个狗血淋头吗？比海洋更宽阔的是人的胸怀，待人能宽容、能原谅人也是一种美德。

为人宽容是最大的美德，是一种高尚的行为，是大智若愚的表现。有的人可能认为不追究别人的过错是一种"窝囊"的表现。其实不然。"得饶人处且饶人"并非"窝囊"、"没有用"，只要对方明白道理，你就不必再紧盯着对方的错误了。你原谅人不等于窝囊。你要能站到高处，往开处想，就能理解别人，宽恕别人。也许别人觉得你是一个"窝囊"的男人，其实那是人格的完美高尚！带来的那种崇高美感，是一种千金难买的精神享受。

总之，待人处事固然需得理，但绝对不可以得理不饶人，留一点余地给得罪你的人，自己不但不会吃亏，反而还会有意想不到的惊喜与感动。在职场上多一个朋友，总是要好过多一个敌人。

5. 病从口入，祸从口出

——不是什么话，都可以说

> 俗话说：病从口入，祸从口出。有人存在的地方，就会有流言。人在职场，如果你不想得罪自己的同事，一定要管住自己的嘴。在和同事说话的时候，要多动动脑子，不要说废话，无意义的话。

在职场上，说话不谨慎就容易引起事端。工作中人们不要太过心直口快，想什么说什么，只会得罪人；人们也不要总是一副"沉默是金"的态度。每个人都应该对自己说过的话负责任，没想好前不随意张口说话，要做一个会说话的人。

公司新进了一名美女员工，吸引了不少单身男士的目光。王强是这些男同事中年龄最长的，其他的员工就聚到王强身边请教如何追求美女。王强很清楚自己在追求女孩上不具备经验以及心得，但是面对同事们的纠缠，王强十分地为难。

"追女孩子要做到仔细，先深刻了解对方。"王强先减缓一下说话的节奏，"你们没有觉得这个女人非常特殊吗？你们没有发现她经常出入老板的办公室吗？另外我曾经看到她单独与老板吃饭，所以，我想你们必须认真地了解一下事实的真相。"王强这段话完全是为了搪塞这群小子，虽然他确实看到过他们单独吃饭，但是这句话却为他惹来了麻烦。

"不好意思，你可以出来一下吗？我有事情找你。"几天之后，这位引起骚动的美女主动来找王强。他们来到了楼梯间，美女同事质问王强："你觉得说人是非很有趣吗？"

王强一时间有点糊涂："我不明白你的意思。"

"有胆说，没胆认啊。无胆匪类。"

"请你说话客气点，我有什么得罪你的地方，明白点说出来，真是我做的，我不怕承认，不要动不动就往人头上扣帽子。"王强也有些气愤。

"好，是不是你说我和老板有暧昧的关系？"

"我没有。"因为王强根本不记得自己说过这样的话，"谁告诉你我说过这样的话？"

"我已经问过很多人，确定消息最初来源是你。"王强仔细地回想自己说过的话，想起了那天的发言。其实，他的原意是想吓退那群小子。王强没有办法否认这是一个事实，连忙解释说："不好意思，我想我说的可能没有你听到的那么不堪。"

美女同事说："承认就好，那我就再告诉你一个事实。我和老板是父女关系……"

接下来王强的日子真不好过，看到美女同事不知道该给什么样的表情，还时刻担心别人发现他知道美女和老板的真实关系。最让王强头疼的是，美女同事时不时地就喜欢找他的茬，并且多次单独约见。这不仅在工作上给他增添了阻力，并且在他保守秘密上增加了困难。最终，纸包不住火。美女同事是老板的女儿的秘密被拆穿了，王强虽然没有被辞退，但是美女同事因为身份"败露"而出任了公司的总经理助理，而且负责管理王强所在的部门。王强在公司的日子越来越不好过了。

在职场上行走，人们需要懂得职场之道，做事需要谨慎，说话也需要谨慎。办公室是一个人多嘴杂的地方，可能你的一句无心话，在办公室里迅速传播一遍之后，再传到当事人耳中的时候，"故事的版本"已经升级了很多次了。办公室里最不缺少的就是喜欢搬弄是非、添油加醋的人了。所以，人们应该懂得不是什么话，都可以说，以免像王强那样卷入是非当中。

王强的故事绝对是一个反面教材，虽然有句话说"谁人背后无人说，哪个人后不说人"，但是王强的下场，很多人都觉得兔死狐悲。从这个故事中，我们应该明白什么是职场的规则。在职场上，做人不要太过于单纯，缺少思考。

"小人"每一个办公室都有，这种人常常是引起一个团体纷扰的罪魁祸首，他们喜欢造谣生事、挑拨离间、兴风作浪，所以人们对这种人不仅敬而远之，甚至还抱着仇视的态度，但是"小人"又是最不容易让人察觉到的坏人，正所谓"明枪易躲，暗箭难防"。在一个办公室中，可能你的身边就有小人，你说话的意思原本就是这样，但是经过"小人"传播，你就成为了谣言的始作俑者。

在职场上心思缜密是必须的，就算你没有害人之心，但也要有防人之心吧！就算你不会迎奉领导，也一定要谨防祸从口出，守口如瓶，这是对自己的保护，也可以让自己少犯些错误。比如，对看不惯的人和事，不在自己的职责范围内的，不要妄自评价。俗话说："逢人只说三分话，未可全抛一片心。"

在职场中会说话的人，他们通常不喜欢说话，但是出口就绝对是经典。你应该佩服这种人，要么不说，要说就是"一语中的"。少说，但不可以不说。在工作中说话要说得有分量，有意义，在适合的时机说适合的话。在工作中，不该说的不说。沉默是金之类的格言或谚语，并不是要告诫你不要说话，而是希望大家不要不加节制任意发表意见。想想看，上天为什么给人们两个耳朵，而只有一张嘴呢？无论做人处事，多思考好过多说话，避免祸从口出。

6. 闲聊时也要注意火候

——闲聊的话，要有分寸地说

俗话说："逢人减寿，见物添钱，拍之经常，吹之偶然。"这样做人绝对圆滑，但也说明说话的人能够掌握听话人的心理，做到含蓄委婉，语言得体。在公司与同事相处，不要做马屁精，但要在闲聊时学会察言观色，不开低级玩笑，以免发生不愉快的事情。

做人首先要管好自己的一张嘴，祸从口出，和同事闲聊天的时候要注意分寸。对待上司要以谦虚为主，对同事要以鼓励为主，对下属要以激励为主。即使是在和同事闲聊的时候，也应该注意谈论的话题是否适合，这是在职场上打拼的人应该学会的做人做事的道理。

在办公室里，同事与同事之间相处在一起，闲聊的话题可能涉及到工作以外的各种事情。同事与同事间的闲聊，如何拿捏分寸就成了人际沟通中不可忽视的一环，如果说错话就会破坏同事间的关系。人们应该明白职场不是一个适合闲聊的地方。

俗话说："鸟会被自己的双脚绊住；人会被自己的舌头拖累。"在生活中，闲聊可以帮助人们消除压力，消磨时间。但在职场上，闲聊有着很多不可以谈论的话题，比如，传闲话、谣言、挖掘和传播别人的隐私，不保守公司机密或者不严守属于上级或别人的秘密。在闲聊的时候，人们也要谨防祸从口出。

职场中总是有一些人喜欢传播谣言，而且善于添油加醋。当谣言一传播开就会跳得很远，甚至这种谣言很难被平息。在职场中为人，既不要成为谣言的制造者，也不要成为谣言的传播者。

桑伟与王军在楼梯间闲聊，正好经理和他的助理走过，桑伟随意指着两个人的背影说："他们两个人的关系不一般吧！"当时桑伟的一句玩笑话，却惹来了一场官司。

桑伟当天的话，传来传去传到了当事人的耳中。经理助理气愤不已，一纸诉状将桑伟告上法庭，要求为自己恢复名誉，赔偿损失。

法院经审理认为，被告桑伟无端捏造事实，散布严重侵害他人声誉的谣言，侵犯了原告的名誉权，影响了原告的家庭生活和工作，给原告的精神造成了很大的伤害。遂根据被告侵权行为的情节及其损害后果，赔偿原告精神抚慰金6000元，并向原告赔礼道歉和承担该案诉讼费700元。这件事情之后，桑伟不仅要赔钱，连自己的工作也丢了。

人们聚集在办公室，难免会有闲言碎语。有时你也可能不小心成为"放话"的人；有时你也可能是别人"攻击"的对象。在办公室里，你和别人耳语闲聊，就是在别人背后说的闲话，既是沟通不良的后果，也是制造是非的源头。

在闲聊的时候，同事之间会说一些"领导喜欢谁？""谁最吃得开？""谁又有绯闻"等等。这些话题就像是噪声一样，影响人的工作情绪。所以，聪明的你一定要懂得，即使是和同事闲聊也要注意把握分寸，很多话题是不可以说的，哪怕这件事情确实存在。自己不做谣言的源头，不开低级的玩笑。

办公室里有的人为了娱乐大家，常开一些低级笑话。有些低级笑话只会让人觉得你品位低下，哗众取宠，同事不屑与你交谈。有的人讲低级笑话，是靠揭人伤疤来娱乐大家。这时闲聊只会让当事人觉得尴尬，心中嫉恨你。比如有的人身体发福，笑话人家是"水桶腰"，"救生圈"；有的人年青时因为青春痘而留下了一些疤痕，就管人家叫"橘子皮"。这种过火的玩笑会让人大倒胃口。大家都是男人，如果翻脸又担心让别人说自己开不起玩笑，没有幽默感，所以只能苦笑忍着，但心里的火又找不到发泄的口子，对那始作俑者，肯定是心存芥蒂。在办公室和同事闲聊的时候，也要顾及别人的自尊心。

还有的人在和同事闲聊的时候，性子直，有了怨气就向同事说出来。虽然这种谈话更有人情味，看似让彼此之间的关系变得友善，但是在竞争激烈的职场上，你遇到的人要是不能为你保守秘密，最后倒霉的一定是你自己。不要把同事和朋友轻易地混在一起，"路遥知马力，日久见人心"。职场上是不太容易交到真心相待的朋友的，因为你们肯定存在着一定的利益冲突。如果你心情郁闷，应该去找那些生活中的朋友吐露心声。你把自己的心情暴露给不能保守秘密的同事，很有可能成为办公室的注目焦点，也容易给老板造成"问题员工"的印象。

如果和你闲聊的同事是那种喜欢搬弄是非、说话没有分寸的人，你最好躲这种人远一些，免得被他牵连。如果你无法避免和这种人接触，那么在和他打交道的时候，就尽量少说话，不要附和对方的话。

在职场上，很多人也许智商不低，但却不会说话。他总是以自我的观点去判断别人的态度与行为，遇到不符合自己喜好的事立刻就去指责，同事感受不到他对自己的善意与真诚，只能视他为不良情绪的随意宣泄者和毫无尊重的恶语中伤者。

在一个办公室中，有的人总是不讨大家喜欢，甚至陷入四面楚歌的地步，其实不是大家故意和他过不去，而是他在与人相处时总是不顾及别人的感受，胡说八道，常常让同事难以接受。这些说话口无遮拦、不懂分寸的人，不会有很好的人际关系。所以，在办公室闲聊的时候，也要管好自己的嘴，不要让人觉得你是一个很"八婆"的男人。

7. 抱怨可以有效地达成目的
——抱怨的话，要有目的地说

一个人越是心存不满，抱怨越会不断，越会消极地对待工作，必然无法在工作中发挥自己的潜力。抱怨真的是阻碍人们进步的最大敌人吗？过度的抱怨还会招人厌烦，但有效的抱怨可以让自己的事业更上一层楼。

抱怨是大多数人日常交流中一个不可缺少的组成部分。人们喜欢抱怨通常是为了宣泄不满情绪，排解心理压力，希望得到别人的同情、认可、支持。但是这种抱怨也存在着缺点：有的人滥用表达式抱怨，不仅自己无法得到放松，也让听者感到身心疲惫，这样对交谈，或问题的解决，或人与人之间的联系没有任何好处。

无论在生活中还是工作中，经常会听到人们的抱怨。很多人对工作、对老板或对同事有着没完没了的抱怨。就算他们通过抱怨释放了心理压力，但是单纯的抱怨不是解决问题的根本途径。你在抱怨的时候应该给自己限定一个时间，不要无休止地吹毛求疵，不要让你的抱怨胜过其他人。

如果把抱怨进行分类，前面我们提到的就是表达型抱怨，另外一种是目的型抱怨。抱怨是有目的性的，简单地说就是人们希望通过抱怨某事能带来改变。从抱怨的本质上讲，抱怨并不能解决问题，但是抱怨运用得当是可以为你提供改变机会的。

公司负责小商品开发的同事在公司干了几年，升职、加薪、出国培训，什么机会都没轮到过他，最后自己放弃工作，出国读书去了。由于同事负责的不是公司的大项目，加上同事习惯少说话多做事，所以在领导眼中他的工作根本不起眼。

李杰来公司不久，接替了出国的同事负责这个项目。他很快发现了原来同事一事无成的原因，所以在工作中多了很多的心眼。他和大家一混熟，人前人后就听他抱怨："哎呀，我和你们不一样啊，我这边工作不是很受重视的。我不怕辛苦的，喏，上次的新年推广活动，效果蛮好。不过就是有时候觉得不是很开心……"时间一长，全办公室的人都知道，李杰因为工作不受重视，心里不开心，但是工作还是很好地完成了。

李杰更是懂得掌握抱怨的"火候"。当"声势"造得差不多后，他又开始当面向老板抱怨——每每汇报完工作，便"不经意"带出一句："当然啦，工作当中也有很多困难，可能因为不是重点项目，所以方方面面都不太受重视……"

久而久之，李杰的工作表现给老板留下了很好的印象。老板也为了显示自己对员工的重视，没有任何偏心，对他的那个项目的关注度明显提高，还专门多加了几个项目让他做，李杰也没有辜负老板，做得都不错。不到一年，李杰顺理成章升职了。

为什么有的人抱怨就遭到同事和老板的厌恶，而李杰却因为抱怨渐渐得到了老板的赏识呢？有的人只会抱怨工作中存在这样或者那样的困难，为自己工作做得不好找借口，开脱责任。李杰也在抱怨，但是他的抱怨不是为了突出自己的工作多么的重要，而是先把本职工作干好，然后再抱怨"我不够受重视"，要求"更多的建议"。当"声势"达到一定程度，谁还能够忽视这么"勤奋而有上进心"的员工呢？不要光说不练。一味地抱怨事情多么糟糕，别人多么讨厌，还不如好好想想自己能够做些什么来改变。

李杰的成功在于他的抱怨是有效的。要想做到有效的抱怨，心态是个关键按钮。在职场中谁也不可能做到每件事都有效地预防和回避抱怨的发生，但是人们绝对有权为自己选择适当的态度。简单地说就是自己要先有一个积极的心态，不要因为一点点困难就指责别人对自己不够公正。要想充分利用目的型抱怨，需要人们凡事多从积极的方面去考虑，尽量克制消极的情绪，不要为眼前的小利损害了长远的目标。

另外在抱怨的时候，还要找到合适的听众、合适的时间和地点。在职场中抱怨，应该利用非正式场合，少在正式场合抱怨。要和办公室的同事维持友善的关系，避免公开提意见和表示不满。这样做的好处是给自己留有回旋余地，即便是你提出的意见出现失误，也不会有损自己在公众心目中的形象，还能够维护上司的尊严，不至于使老板陷入被动和难堪的状况。

你在向老板抱怨的时候，要"不经意"说出自己为什么抱怨，还要提出建设性的意见。如果员工光是抱怨，而没有解决问题的见解，老板和同事是不会对你刮目相看的。其实，抱怨不是一件令人愉快的事情，但是你提出了好的想法，影响了别人对你的看法，可以很好地降低别人对你的敌意。也许，让你一下提出具有建设性的意见有难度，但至少应该提出一些有利于改善工作的有参考价值的看法。你积极地为公司着想，只要你的上司不是庸才，就一定会真切地感受到你是一个有上进心的员工，而不是一个整天只知道抱怨的难缠分子。

很多时候人应该在抱怨的时候提醒自己，这个抱怨只是暂时的出气宣泄，可做心灵的麻醉剂，但绝不是心灵的解救方。人在职场不应无意义地抱怨。当你要表达不满时，你的目的并不是为了发泄不满，而是希望同事或者上司能有所改善来为自己带来新的满意。所以，当你真的想要抱怨的时候，也要尽量做到有效、有目的的抱怨。

8. 知之为知之，不知为不知
——不懂装懂的话，千万不要说

职场中，有的人常会因为虚荣心作怪，摆出一副不懂却装作很精通的样子。当不懂装懂被人发现后，不仅没能掩饰自己的不足，反而落得贻笑大方。即使别人不拆穿他，但是也会在心里鄙视他。人们应该对自己有所了解，不要不懂装懂，留人笑柄。

《论语》曾经说过：知之为知之，不知为不知，是知也。这句话是孔子教育学生对学习所持的态度——人们对待任何事物都应该保持诚恳谦虚的态度。职场中有一些人好胜心强，喜欢在办公室里装"博学"。这种人通常都很爱面子，遇到自己不会的也从来不向同事请教，担心被别人看不起，用装懂来掩饰自己知识上的不足。短时间内大家会真的认为他很有知识，但是时间长了必然会发现他是不懂装懂。这种不懂装懂的心态十分不利于一个人知识的学习和能力的培养。

如果一个人对自己不明白的问题加以隐瞒，不虚心向他人请教，在他人面前仍然不懂装懂，那才是真正的无知和愚蠢，也会让人觉得为人太虚伪。其实，很多有大学问、眼界广的人，反而认为自己懂得太少。只有那些无知的、层次水平低的人，才喜欢炫耀自己的"学问"。蒙田曾经把真正有学问的人比喻成麦穗："当它们还是空的，它们就茁壮挺立，昂首藐视；但当它到臻于成熟、饱含鼓胀的麦粒时，便开始低垂着头，不露锋芒。"

对待知识人们应该老老实实，知道就是知道，不知道就是不知道。求

知最忌自欺欺人，不懂装懂。每一个人要希望自己变得强大，就更应该总结前辈的教训，有疑惑就问，还要有意识地问，有胆量去问别人。对待求知人们应当虚心请教、刻苦学习，尽可能多地加以掌握。同时，还要明白人的知识再丰富，也还是会有不懂的问题。只有当人们有了"知之为知之，不知为不知"的意识，才能找到帮自己成才的老师，才会有所发展。遇到不懂的事情，人们就应当有实事求是的态度，只有这样才能学到更多的知识。

不管是在生活中，还是在工作中，人们都应该对求知有一种坦诚的态度。在这个世界上没有谁一生下来就上通天文，下知地理，博古通今，即使是孔子这样的圣人也是在不断的学习和探索中提升自己的文化修养。在《师说》中，韩愈曾尖锐地批判了当时社会上耻于从师的陋习，如："惑而不从师，其为惑也，终不解矣。"惑而不从师的结果要么使人变得迷惑无知，要么就是不懂装懂。不知道并不可怕，也不丢人，真正可怕和丢人的是不懂装懂。因为当人们没有了"无知感"、"求知欲"，"不知"便以为"知"，这才是最可怕的无知。

三国时期，魏国大将司马懿奉命统领大军向祁山开来，诸葛亮派兵布好八卦阵，司马懿不懂破阵之法，硬着头皮派张虎、戴陵攻阵，全部被俘。蜀将关兴与姜维三面夹击，司马懿大败而归。

不懂装懂，后患无穷。南郭先生滥竽充数的故事，很多人都听过。你今天欺骗了别人，日后自己一定会尝到恶果。职场上会有一些人不自量力，这些人不愿承认自己有"不知道"的问题，也羞于承认自己的知识局限性。人贵有自知之明，人们应该对自己有一个客观的评价。职场上那些不懂装懂，自以为是的人，羞于向别人请教的心理和思想会就大大抑制自己的发展，抵消自己的才能和努力，使自己骄傲自满的心理潜滋暗长。而靠骄傲自满构建起来的强大，只是海市蜃楼，总有一天会被现实惊醒。无论是在古代的战场，还是在竞争激烈的现代职场，人们只有不断积累，才能不断向那无限、永恒前进。

敢于正视自身局限性的人懂得学无止境，他们总能看到自己无知的一面。人们只有认识自己有所不知，才可能知道自己已经懂得了什么。孔子被世人尊称为圣人，也曾多次谈到，自己的成绩得益于虚心好学。所以，孔子对不懂装懂、夸夸其谈的行为感到深恶痛绝，才会教育学生不要"不知"以为"知"。

有一位青年对誉满全球的大科学家爱因斯坦称自己"无知"感到大惑不解。于是，他向爱因斯坦问了这个问题，爱因斯坦笑着随手拿出一张纸，在上面画了一大一小两个圆圈。然后指着大圆圈说："我的知识圈比你大，当然未知领域的接触面也比你大。"

在很多时候，只有你说出不懂，那些懂的人才会知道你需要帮助，才会帮助你。其实，承认自己的不足本身就是认识上的一种进步，是为了自己能够不断强大。当你遇到不知道的问题时，完全可以坦率一些，去寻找专家答疑解惑。尤其是你面对比自己强的人，不要觉得自己很丢脸，只要你表现出好学谦虚的态度，对方不仅不会嘲笑你，而且还会倾囊相授。

很多有成就的伟人、学者都懂得：知识越是增加，自己的"无知感"越是强烈。法国数学家笛卡尔也曾经说过：愈学习，愈发现自己的无知。而那些现在还在藏拙的人，是不是应该明白有了疑惑就应该说出来，虚心向别人请教。

从远古到现在，人类的生活存在着很多未知，而正是这些未知成为人类探索未来的源动力。人类行进在从"不知"到"知"的逐步完善的认识之路上，过去如此，将来更是如此。人类之所以被称为高等生物，不就是因为人类大脑善于思考吗？那么，为什么不把这种思考能力用在解决未知上，而是用在掩饰自己在认识上的局限上呢？我们每一个人既要靠有知来发现无知，同时更需要有着"无知感"的警省，催促自己不断地努力。

9. 当众炫耀只会招来妒恨

——炫耀的话，要避免说

> 有的人在工作中取得了一点点成绩，就迫不及待地拿出来说说，对于他来说是一件值得高兴的事情，但是对于别的同事来说有可能是一种炫耀。很多人在得意忘形中，忘记了某些人的眼睛已经发红。

在职场上，我们常会遇到这样一些人，喜欢炫耀自己的工作业绩，或者显摆自己与上司不同寻常的关系。从心理学角度上来讲，这类人因为缺乏安全感，而通过炫耀来寻求自己的身份和作用。比如自尊心过于强烈，受不了别人的批评，且自我能力有限。他们往往因为自己在能力上不容易超越别人，因而缺乏自信心，但又想在团队中占有一席之位，或者是为受到别人的重视，所以采取炫耀的方式来突出自己的价值。

在办公室里有的人会说："今天，我终于和这个客户签约了，你们可不知道我费了多大的劲呢？""老板给了个大红包，我请大家吃饭啊！大家都要去啊！"工作中很多人"吹嘘"自己的工作能力，只是为了抬高自己，让自己显得更有竞争力，但同时在无意中贬低了别人。这样的人通过炫耀来满足自己的虚荣心，需要每天装腔作势，拿腔作调，不仅自己活得辛苦，同事看着也觉得反感。这种喜欢渲染自己优势的人，似乎是头顶一道光环，但是时间一长，能力的高低自然会显现出来，不会在某个单位久留。

在职场中，爱炫耀的人容易激起大家的反感，只能同那些同样喜爱炫耀的人在一起。其实，人越是缺少什么，就越爱炫耀什么，越是想拼命抓紧什么，越是容易失去。炫耀只是将现有的某种东西无限放大来遮掩内心空虚的一种表现，所以人们应该让自己的心灵充实起来，给自己树立正确的价值取向。

职场上除了"吹嘘"自己的工作能力，还有一些人确实是因为工作能力强产生了骄傲的情绪，就会在同事面前炫耀自己的工作能力。在办公室里，不管自己是多么的优秀，也应该学会谦虚，注意同事的感受。很多人陶醉在自己的成绩里，却得罪了别的同事，甚至是上司。

即便是一个工作能力真的很强的人，在工作中也不可避免地得到上司的指点，得到同事的启迪。一个喜欢沾沾自喜的人，一定忽视别人存在的价值和对自己的意义，结果只会是让周围的人疏远他。

历史上有这么一个典故。刘邦曾经问韩信："你看我能带多少兵？"韩信说："陛下带兵最多也不能超过十万。"刘邦又问："那么你呢？"韩信说："我是多多益善。"这样的回答，刘邦因此一直耿耿于怀。

中国人推崇谦虚，那些自表其功、自矜其能的人，十有八九要遭到别人的厌恶，甚至是嫉恨。自己有了一点成绩，就担心被领导忘记、同事忽略，炫耀自己的能力和成绩，可以引起大家的注意，但却不是积极的影响。在办公室中最常见的就是勾心斗角，记住生活不是真空，企业也不是培养圣人的地方。

法国哲学家罗西法古有句名言："如果你要得到仇人，就表现得比你的朋友优越；如果你要得到朋友，就让你的朋友表现得比你优越。"职场上聪明的男人对自己的成就总是轻描淡写、谦虚、不张狂；而愚蠢的男人则喜欢大声喧哗，吹捧自己，结果众叛亲离。俗话说树大招风，你越是炫耀越是容易招致某些人嫉恨。作为一个职场中的人，要时刻注意检点自己的言行，不要喋喋不休地描绘自己的成功。在职场中可以适度的低调，不要过分的张扬，这样的处事原则会让你远离很多的是非。

即使你取得了一定成绩，也应该有一个健康的心态，骄傲能够使你退步，炫耀会招来心胸狭窄的人妒忌。你应该学会泰然处之，自己不要去炫

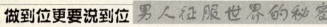

耀。如果你的表现真的很优秀，其他人一定会注意到的。所以，你要把所有的精力和聪明才智集中到扎扎实实做事上去，靠成绩来证明自己，而不是一味地炫耀自己。无论在你的胸中燃烧着多么强烈的欲望，都要努力做到外表平静如水。如果别人向你炫耀，你也要学会一笑了之，切莫互相攀比，应保持自己的主见，做好自己的事情。在职场上打天下，需要的是沉稳，而不是炫耀。

第五章

能做会说天地宽，只做不说苦到底

　　那些只是闷头做事的员工一般很难得到老板的赏识，不是工作不够努力，而是没有推销自己的好口才。现在要在职场上闯出一番事业，男人除了实际的动手能力，还离不开好的口才。俗话说"十分生意七分谈"，好口才是成功的必备能力。说话要看对象，揣摩听者的心理，观察对方的反应，工作做起来才能游刃有余。

1. 成功的谈判从说"不"开始

——表达需要的话，不要随便地说

既然是谈生意，最重要的一定是口才。有的人常常在商业谈判中屈居下风，得出令人沮丧的结果。如果你想成为一个谈判高手，就应该懂得在谈判桌上隐藏自己的需要。在与对手谈判的时候需要适当的沉默和适时说"不"。

在谈判的过程中人们都要注意实效，要在有限的时间内解决各自的问题。我们常会看到一些谈判者口若悬河、妙语连珠，在谈判的过程中貌似以绝对优势压倒对方，但是在谈判结束后却发现自己并没有得到多少好处。在谈判中气势如虹的表现与交易的结果不相匹配，可见在谈判中多说无益。

要想从一个谈判新手，成长为一个顶尖谈判专家，首先应该学会沉默是金。虽然谈判是以谈为主，但不一定是那些说起话来滔滔不绝的人占据上风，真正的智者懂得倾听对手，了解对方的底牌，在该说话的时候绝不嘴软。

为了实现合作，我们的态度应该是真诚的，但却要适当地有所保留。在谈判的时候过早地表露自己的需求，就等于是让对方知道自己的底牌，自己最在乎什么。这不也是对手最想知道的关键问题吗？你心里在想什么，对方摸得很清楚，可是你却不了解对方的底牌，自然会让自己陷于被动的局面，居于下风。

谈判是一个智力游戏，光有专业的知识是不够的，还需要有心机。如果对方对你说："我们诚心想和贵公司建立合作伙伴关系，贵公司有什么要求尽管说出来，希望我们能携手共创双赢局面。"看着这位公司的谈判代表，满脸的诚意，加上"双赢"这个诱人的字眼，你也会情不自禁地面露微笑，甚至在心里已经决定要接受这项方案了。于是，毫无防范地说出自己的所有要求。这样做，就很有可能中了对方的圈套。

美国著名的谈判训练专家坎普提醒谈判者不要听到"双赢"，就怦然心动了。职场上太多谈判者一听到对方表示诚意，就以为自己离胜利不远了。在谈判刚刚开始的时候，对方常会用一些美丽的设想来诱惑你，把你引入妥协的陷阱。在职场上想要获得"双赢"不是一件容易的事情。害人之心不可有，防人之心不可无。作为一个谈判者，代表着公司的利益，做事应该谨慎，既要让对方感受到自己公司的诚意，还要提防对方耍些小手段。

在谈判中必须理性战胜感性，不能感情用事。在职场上谈判，十有八九是其中一方落入被感性左右的陷阱而吃亏。人是有感情的动物，但是职场上需要用理智来精打细算。毕竟，一个谈判高手可以为公司迎来更高的利益，反之，会为公司带来一定的损失。

在谈判中，谈判者应该学会抵抗诱惑，懂得透过现象看本质，不要轻易显现你的需要。其实，在谈判的过程中，谈判者就像掠食性动物一样，需要耐心寻找和利用对方的脆弱、贫乏及需要，使自己占据上风。你在对手面前显露的自己最大的需求，如果这正是对方所拥有，那么对方就有了一张王牌，有了更多的谈判资本。假设在谈判中，对方捕捉到了你有着强烈的需要，你从这一刻起就陷入被动，几乎没有什么讨价还价的余地了。

真正的谈判高手不仅非常善于洞察及利用对方所显现的"需要"，而且还会创造这种"需要"。比如，某些企业为了吸收大量的资金，故意夸大自己的订单量，为自己冠上"合资企业"、"全球联盟"等光环。一些企业为了抢到大笔的生意，可能忽视资料的收集和调查，在谈判中接受吃亏的条件，盲目地和对方签下合约。很多中上游的企业因垂涎而产生"需要"的心态，成为别人利用的弱点。

谈判中的聪明做法是适当地表现出你想要，而不是彰显出"需要"。

前者表现了你对这桩生意感兴趣，如果双方洽谈的顺利，就有机会达成切实可行的合作。这样"想要"的姿态会给自己带来一条活路，告诉对方不是非你不可。而"需要"是一种急迫的心态，甚至是有些依赖对方的帮助，等于抬高了对方的身价，注定你在谈判桌上处于劣势的一条死路。

有这样一个故事，日本某家公司与美国一家公司进行一场许可证贸易谈判。在谈判的开始，美方代表便滔滔不绝地向日方介绍自己的情况，而日方代表则一言不发，认真倾听，埋头记录。当美方代表讲完后，征求日方的意见，日方代表表现得"迷惘"并表示"还没有听明白"，向美方要求"回去认真研究一下"。

几星期后，日方出现在第二轮谈判桌前的已是全新的阵容，由于第二批谈判代表声称"不了解情况"，美方代表只好重复地说明了一次，日方代表仍是埋头记录，还是以"还不明白"为由使谈判不得不暂告休会。

到了第三轮谈判，日方代表因再次上演了易将换兵，最后还是告诉美方"回去后一旦有结果，便会立即通知对方"。结果半年多过去了，正当美方代表团因得不到日方任何回音而烦躁不安，批评日方公司毫无诚意时，日方突然派了一个由董事长亲率的代表团抵美国。在美国人毫无准备的情况下，日方要求立即谈判，并抛出最后方案，以迅雷不及掩耳之势，催逼美国人讨论细节。日方的行动让美方措手不及，终于不得不同日本人达成了一个明显有利于日方的协议。

事后，美方首席代表无限感慨地说："这次谈判是日本在取得偷袭珍珠港之后的又一重大胜利！"

虽然日本的做法有些无赖，但是他们赢得了谈判的胜利。在谈判中，日方多听不说，装聋作哑，故意隐藏自己的实力，采取消极防御，使美方摸不清自己的真实意图，等敌人急躁疲倦，濒于无望之际，再采取积极的进攻，杀了美方一个漂亮的"回马枪"，取得了谈判的战功。

所以，谈判时对方对你的条件不置可否，但是又表示希望双方能够合作。倘若你意志不坚定相信对方的鬼话，其后果就是让对方取得更多的利益，或者是彻底丢掉这笔生意。谈判桌上从"不"开始，是提醒你在谈判的时候不要太多话。话不是多说就能够起到预期的效果，而是应该让自己说的每一句话都有分量。在谈判的时候，你说得越多，越容易出破绽，越是会让人觉得你的内心是焦急的，对这桩生意很渴望。沉默是谁也猜不透的语言。虽然，在谈判时不可能完全保持沉默，但你必须懂得哪些话可以说，哪些话不能轻易说，不要在你一言我一语当中，让对方过多地探知你的需要。

2. 顾客就是上帝
——同顾客说话，站在对方的立场说

顾客是你的衣食父母，还是一个企业生存发展的外部环境、外在动力。如果从顾客角度来思考，顾客的批评或投诉正是一个公司经营现状的体现，或是生产环节的漏洞所致。为了赢得更多的客户，就应该努力让客户在心理上得到重视，在利益上得到实惠。

顾客就是上帝，与顾客相关的事情，你一定要认真对待，并且妥善处理。如果没有处理好与顾客的关系，最后吃亏的一定是自己。让顾客感受到自己像是上帝不应该成为一句空话，而是应该让顾客切切实实地感受自己得到了尊重，这家公司的的确确能够让自己的消费物有所值。

从心理讲，在与顾客接触的时候一定让对方觉得轻松自在，友善和耐心的言语可以降低双方沟通的障碍。在与顾客接触时，聪明人会重视对方的感受，让顾客感受到这场谈话在他的掌握当中。如果顾客感受不到这点，就容易产生一种受制于人的心理，认为自己处于劣势，已经失去了公正对待的礼遇。

比如，销售人员在向一位顾客推销一架相机，销售人员应该询问顾客想买什么价位的，喜欢哪个牌子，对性能有什么样的要求等等。只有在充分了解顾客想法后，再根据顾客的需要推荐一些顾客确实需要的产品。如果销售人员在顾客面前卖弄一些专业术语，推销一些价格昂贵但不适合顾客的产品，顾客一定感到厌烦。

在和顾客接触时，你要成为真正的掌握者，同时还要让顾客觉得你们的谈话是愉快的，轻松自在的。这点对于顾客来说非常重要。

某供应商和其大客户公司之间的交易，令它每卖一台机器给客户公司就亏本一万美元。供应商已经濒临破产边缘，公司上下非常犹豫是否该要求客户公司重议合约，担心因而失去这家大客户。最终，供应商还是决定这么做，在会议一开始，供应商向客户公司道歉："贵公司真的是谈判高手，我们的谈判技巧太糟了，导致今天必须重议合约的局面，责任全在我们，造成贵公司的困扰，我们深感抱歉。"这样的开场白有助于消除客户公司的怒气。

供应商承认自己的窘况，让对方感觉他优于你，可能促成对方稍作退让。这样做并不丢脸，只是在谈判时运用的一种技巧。

在处理顾客与卖方之间的关系时，卖方总会强调"顾客优先"的口号。在与顾客沟通的过程中，能够把顾客摆在第一位，你谈判成功的机会就会大增。作为卖方必须全心全意进入顾客的世界、需要与计划。你要努力让对方了解自己的使命和目的，比如，你以最实惠的价格提供他最好的产品与服务。顾客向你咨询商品的过程就是在寻找答案的过程，你不能给他一个满意的答案，你也一定无法得到自己想要的东西。就像是病人去看病，医生要先知道他的痛苦，才能对症下药，药到病除。

在和顾客沟通的过程中，除了让顾客得到心理上的自在，还应该在利益上有所得。作为卖方应该努力站在顾客的立场来看世界。在一买一卖的过程中，双方也是一种合作关系，都是为了寻找自己的利益。

对方真的可以得到更多吗？答案是可以的。在与顾客的谈判中，你要让对方明白，你可以给他更好的东西，劝说他可以用自己拥有的和你交换。双方各自的资源如果可以得到置换，也许可以创造更高的价值，对方也可以得到比想象中更多的价值。

赢得顾客的信任，就要收集信息，还要让对方觉得你很关注他，渴望了解他，消除他对你的担忧。俗话说"送礼送到心坎上"，就是需要你能够明白顾客需要什么。你和顾客谈判，不仅要使对方了解自己的情况，还要清楚对方的情况、需求。要做到这一点，就需要你懂得换位思考，要学会站在对方的角度来思考，想想对方到底想要什么？否则，你就是给得再多他也不一定欢迎。

3. 不要用妥协成就生意
——表示让步的话，要瞅准时机说

很多人为了谈成生意，努力提高自己的能力，甚至是通过妥协达成生意。但是，让步的结果并没有给自己带来更多的收益。在和客户接触的过程中，聪明的男人应该懂得谈判的分寸，给自己设定一条底线。

不管这笔生意对你多么的重要，都不要随便地妥协。你一味地妥协，只会让对手轻视你的存在和价值，对方越会自信满满，把你当做一个可有可无的合作者，对方也不一定会因为你的妥协而乐意与你合作。要想在谈判中得到尊重，首先自己应该尊重自己，只有自己尊重自己了才能够赢得别人的尊重。

1851 年，法兰克福联邦议会正在召开。在议会中有一个不成文的规定：只有担任主席的人才有权利吸烟。当时，奥地利在各邦中实力强大，议会主席当然也是奥地利人。而俾斯麦所代表的普鲁士势力相对较弱。

可是，俾斯麦不理睬这一套。当担任主席的奥地利人点烟时，俾斯麦也拿起一支借火点着抽了起来。其他与会者都表示惊讶。

俾斯麦就是要以这种行动来证明普鲁士与奥地利是平等的。

在谈判桌上，人们应该是平等的，也就意味着互相尊重。只有在平等的条件下，才算是有益的交谈。尽管生意非常重要，但是一味地让步会给对方一种"低人一等"的印象。想想看，对方凭什么要和"低人一等"的人合作呢？低人一等的人又有什么实力为别人带来收益呢？在谈判的时候，不要因为自己目前的实力较弱，就同意对方的所有条件。不卑不亢的人格，反而能够让对手注意到你的魅力。

有的人担心被拒绝而失去与大公司合作的机会，但是一味地妥协反而会吓跑合作者。如果你是一个公司的老板，你提出的所有条件，对方都很爽快地一一接受，你难道不怀疑吗？一个什么样的公司在谈判的时候，会不和对方讨价还价呢？俗话说"贪小便宜吃大亏"，你有勇气和这样的公司合作吗？不怕一万，就怕万一。反之，你作为一个企业的谈判代表，应该为公司争取最大利益，一定要有一个底线，不要向对方说："我回去会尽量请求公司通融。"

A、B、C三家公司共同竞争大企业D公司的一项业务合作计划。这三家公司的规模比D公司小很多，于是，你可以想像在D公司的要求与谈判手腕下，这三家公司一再降价，在合作条件上一再退让。最后，A公司厌烦了这种游戏，决定改变现况或退出谈判。A公司告诉D公司，它将不再参与任何降价谈判；换句话说，A公司向D公司表达了自己的不满。

事情的结果出人意料，一般人可能会认为A公司大概没有指望获得此合作计划了，但是D公司最后选择的合作伙伴就是A公司。因为在A公司向D公司说"不"后，D公司开始面临一些棘手问题：它可能无法选择此计划的最佳合作对象；其他两家公司可能会跟进 A 公司，D 公司可能无法再玩先前的把戏。D 公司的谈判代表现在显然处于较不利的情况，A 公司最终可能是中选者。

谈判应该从"不"开始，不是只有大公司才有资格说"不"。聪明的谈判者必须学会在适当的时候说"不"，而不是说"好"。只有"不"字可以准确地表达你的不满，才能迫使对方认真思考你为什么会说"不"，其他模棱两可或者明显存在偏颇的回答都是在浪费双方的时间。

说"不"不意味着买卖谈不成，说"好"也不必高兴得太早。双方谈判需要说"不"，这是你与对方沟通的一个重要内容。说"不"就省得互相费力猜疑对方心里的真正念头。如果在谈判的开始，双方说"不"字，这并不是一个不好的开头，因为你可以根据对方"不"字背后的理由见招拆招。

在谈判的时候，你应该清楚自己的公司拥有什么样的优势，紧紧盯着对手，在抓住对手的把柄后，给予关键性的一击。不要因为自己眼前的窘况而一再让步。通过妥协成就的生意，就是一种施舍，这种施舍不利于你和公司的长期发展。当年腾讯 QQ 因为金融海啸面临倒闭，曾经希望新浪花 100 万元人民币收购，最后因为没有得到新浪的重视而夭折。但也正是新浪的不屑，才使得原先的一个小对话框发展为今天的"QQ 帝国"。

聪明的男人在谈判桌前，是不会无原则地"挽留对方"或"挽留双方关系"的。靠着牺牲单方利益建立起来的伙伴关系是不稳定的，就算眼前你得不到一个强大的合作伙伴，但对方随时可以甩掉你的公司。作为公司的谈判代表，你应该像老板一样思考，为公司的长远利益着想，这不仅对公司有帮助，也对自己的前途有利。另外，如果你盲目地答应对方的要求，将来对方的任何决策所带来的负面影响，你都有可能受到牵连。

总之，不要急于用让步来促成生意，要时刻判断对方真实的态度。在谈判的时候，不是绝对不可以让步，而是要在确认对方真的很有诚意的情况下，但又无法接受自己提出的条件时，才做出让步。这种让步不要太慷慨，要适度，你做出的一点点让步就等于是在减少利润。让步还要找准时机，如果对方真的很有诚意，你却故意摆架子，会让人自动离开你。你应该根据对方的具体情况而定，适当表现出勉强的样子还是可以的。

4. 赞美是你的开路先锋

——赞美客户的话，要在推销自己前说

有一句谚语说得好："唯有赞美别人的人，才是真正值得赞美的人。"发现客户的优点并给予由衷的赞美，也应该成为你开路的先锋。巧妙地运用赞美，无论对象是一个怎样的客户，都不会因为你的赞美而动气发怒，反而会心生好感。

赞美是发自内心的对于美好事物表示肯定的一种表达。每个人都渴望得到别人的赞美，这是人们的心理需要。在工作中很多人常常抱怨，客户是多么的难相处等。不是客户很难相处，你认为这位客户十分挑剔，但是不是每一个人都和你的想法一样呢？其实，最大的问题都出在自己身上。

人是有感情的，所以非常重视自己的心理感受。如果你在和他的接触中总是急于介绍自己或者推销产品，客户一定会不耐烦。所以，在推销之前应该学会和客户拉近关系，赞美就是最好的方式。你应该用心去发现客户的优点及长处，并把自己的感受告诉对方，寻找共同的话题，这样做客户一定会对你产生好感。

1960年，法国总统戴高乐访问美国。在一次尼克松为他举行的宴会上，尼克松夫人费了很大的心思，布置了一个美观的鲜花展台，在一张马蹄形的桌子中央，鲜艳夺目的热带鲜花衬托着一个精致的喷泉。

精明的戴高乐将军一眼就看出来，这是女主人为了欢迎他的到来而精心设计制作的，不禁脱口称赞道："夫人为举行这一次

正式的宴会，一定花了很多时间来进行漂亮、雅致的计划与布置吧！"尼克松夫人听后十分高兴。

事后，她对朋友说："大多数来访的大人物，要么不加注意，要么不屑因此向女主人道谢，而他却总是能想到别人。"

可能对于其他人来说，尼克松夫人的用心只是作为女主人的分内之事，即使做得很好也没有什么值得称道的。但是，戴高乐将军却能够领悟到尼克松夫人的苦心，并因此向她表示了特别的肯定与感谢，也使尼克松夫人异常地感动和称赞。

在和客户接触的时候，不要表现得急功近利，而是应该耐心地去发现、去挖掘客户身上值得称赞的地方。这是在短时间赢得客户好感的最有效的方法。为了赢得客户的好感，花些心思在这上面是非常必要的。

一位顶尖汽车推销员，他总是能够和客户保持良好的合作关系，客户要买车的时候第一时间也一定是想到他。他的出色业绩得益于对客户的观察入微，总是能够找到客户值得赞美和欣赏的地方。

在他的客户中有一对结婚10年一直没有孩子的夫妻，为了弥补这一缺憾，夫人养了几只小狗，对它们百般疼爱。

这位推销员在和夫人接触的时候，马上注意到夫人像爱护孩子一样疼爱着小狗。于是，他对夫人养的狗大加赞赏，说这种狗的毛色纯洁，有光泽，黑眼睛，黑鼻尖，应该是一种名贵的品种。推销员对狗的赞美，说得那位夫人心花怒放，也觉得自己拥有了世界上最名贵的狗。她情不自禁地对那个推销员产生了好感，很快便答应他星期天来和自己的丈夫面谈。

先生一下班，夫人便兴高采烈地对他说："你不是说要买车吗？我已经帮你约好了，星期天汽车公司的人就来洽谈。"

谁知道先生却有些生气："我是说过要换车，但没说现在就买呀！"其实，先生是想买一辆车，他的车已旧得不太像样子了，但他是优柔寡断的人，一直拿不定主意去看车。

星期天，推销员上门来了。他看出先生是个优柔寡断之人，夸奖这位先生事业有成，自然需要一辆与自己身份相配的车子。推销员的一番赞叹，说得先生不能自主，仿佛被一只无形的手牵引着，便很痛快地买下了那位推销员的车。

世上有多少人能拒绝别人的赞美呢？渴望得到别人赞赏，是人性中最根深蒂固的本性。谁听到别人对自己的赞美之词都会开心。为了赢得客户，好好说话，说赞美之词是必须的。而且客户喜欢听到赞美，为什么不说呢？你能够让客户开心，他才愿意在心里接受你这个人，你之后开展的工作才不会遇到太多的麻烦。赞美客户是为了让他感受到"自己拥有很多美好的东西"。当客户能够被一种美好的氛围包围的时候，生意成交自然顺理成章了。你一定要相信赞美的作用，这不仅可以为你赢得更多的客户，也可以让你在工作中发现很多的乐趣。

赞美客户不是一件很难的事情，不需要你绞尽脑汁，处心积虑，也不需要你赔尽小心。过度的赞美会让客户感到你在溜须拍马，目的性太强。赞美客户要善于发现他们身上的闪光点，一定要是他们真的拥有的。你的赞美也要恰到好处，不要喋喋不休，要体现出是一种发自内心的、自然而然的善意的行为。

把赞美客户作为自己的开路先锋，每一笔生意从赞美开始，把赞美作为工作中的一种"快乐习惯"。每一次赞美别人时，不但对方快乐，你也会获得满足。你在给客户带来快乐的时候，你们的关系渐渐变得融洽，工作的业绩也一定会渐渐上升。

你还应该把赞美当做是一个谈生意的技巧，多多留意客户身上可以赞美的好事，会增强他与你交流的积极性。你赞美客户就是在为自己创造一个让客户了解自己的渠道。人都是喜欢和了解与欣赏自己的人相处的，赞美就是改变的开始，成功的开始。

5. 酒逢知己千杯少，话不投机半句多
——迎合客户需求的话，一定要说

在和客户接触的时候，最怕的就是双方沟通困难。语言是人们交流的桥梁，如果双方没有很好的沟通，生意一定不能成功。俗话说："话不投机半句多。"聪明的男人在面对客户的时候，应该学会适当地迎合客户。

迎合客户和赞美客户有所相似，但也略有不同。赞美的语言能够为客户带来美好的感受，而迎合是观察客户最想知道什么，自己就应该提供什么。如果你说东，他说西，你们的谈话还怎样继续呢？

在和客户接触的时候，一定要谈客户感兴趣的事情。收集资料，察言观色，你要了解客户的背景，看看他都对什么问题感兴趣，在和他的交谈中，把话题先引到客户感兴趣的领域。当你同客户谈起他感兴趣的事情时，马上会激起他的兴奋，甚至可以使他感到自己遇到了一个知音，这样你们的沟通就会水到渠成了。

史密斯先生经营着一家高级面包公司，他一直想把面包销售给纽约的一家大饭店。经过一段时间的了解，他发现这家大饭店的经理是一个叫做"美国旅馆招待者"组织的主席。当他打电话给这位经理的时候，就开始大谈"接待者协会"的事，语调充满热情。最后，他还"卖"了那个组织的一张会员证给他的"客人"。

一段时间过后，饭店的大厨师突然打电话给他，要他立即把

面包样品和价格表送去。那位大厨师见到他的时候，迷惑不解地说："我真不知道你对那位先生做了什么手脚？他居然被你打动了。"

知己知彼，百战百胜。你要想谈成生意，就要做足功课。一个成功职员在谈生意之前，会建立起自己的情报系统，建立一份客户档案，列出所有与客户有关的点点滴滴的有用资料。收集资料是一件繁琐而费时费力的工作，但是这有助于你和客户拥有共同的话题。当你有充足的资料，你面对的就不再是一个陌生的人，更容易了解到他的喜好。只要你有办法使客户心情舒畅，他们也不会让你大失所望。

发现客户的兴趣、喜好并不难。日本顶尖业务员齐藤竹之助说："想轻易地发现每个人身上最普遍的弱点，是很简单的事情，因为只要你观察他们最爱谈的话题便可以知道。因为言为心声，全心全意，心中最希望的，也就是他们嘴里谈得最多的。你就在这些地方去挠他，一定能挠到他的痒处。"你多说客户感兴趣的事情，是感化他的有效方法。找到一个共同的话题，从某一件具体的事情入手，把你的关注点集中在他所从事的事情上，而不是他本人是一个怎样的人。这种话比直接的奉承更有效，既不会引起对方的尴尬，还能够调节谈话的氛围。

很多生意能够成交，不光是看你做得怎么样，你能否说到对方的心坎里才是最重要的。会说话可以建立一个良好的形象，这对你非常有帮助。你应该明白客户最想听什么，而不是自己想要告诉他什么。很多人在和客户接触的时候，就像已经设定好固定程序的机器，滔滔不绝地讲那些千篇一律的东西，不给顾客询问的机会。看似训练有素，但结果并不理想。这样和顾客沟通，客户一定没有更多的兴趣去了解，也一定没有购买欲。这种低效的沟通，对顾客来说传播的都是一些垃圾信息，浪费了双方的时间。

时间是宝贵的，你凭什么要求别人听你说一些对他来说并不重要的内容呢？而且现在处于高速信息社会，很多信息都是垃圾信息。你觉得你掌握的资料非常重要，但是对于客户来说不是。尤其是在竞争激烈的今天，可能你的客户已经在你的对手那里了解更多的信息了。你应该能够站在客户的立场，了解什么是他们最需要的信息，更实用的信息。

与客户接触要突破自己主观的局限性。在很多时候，你和竞争对手的差异不是谁卖的商品更好，而是谁更能够想客户之所想。不能够做到这点的人，就不要去抱怨拜访客户的效果不好。客户对你缺乏热情，也许是因为你说的东西客户不爱听、不需要。

有一位学者曾说过："如果你能和任何人连续谈上十分钟而让对方产生兴趣，那你便是一流的沟通高手。"为什么你总是按照过去的习惯去做自己觉得重要的事情呢？为什么你缺乏思考和创新呢？

在和客户谈判之前，一定要了解客户是一个怎样的人，什么背景的人。比如，你面对的客户是一个高层领导，时间对于他来说是宝贵的。所以，你不需要跟他说太多冠冕堂皇的客气话，而是应该把自己的介绍说得简短一些，重点醒目一点。在最短的时间内，把重要内容介绍给对方。如果这个领导对产品价格十分在意，你应该把你们的价格优势在谈话开始时就说清楚。如果你的优势能够吸引他的目光，他一定会给你更多的时间介绍。如果条件允许，你还可以先提问，抓住客户最想了解的是什么，客户最有兴趣听的东西是什么，然后对症下药，重点说他喜欢听的东西。

在和客户沟通过程中，迎合客户的需求非常重要。客户最需要的，就是你最需要关注的。急客户之所急，想客户之所想，与客户交谈时，永远设身处地地为客户着想。只有这样，你才能立于不败之地，才可以使你们的谈话更加有效率。

6. 有时候谈判需要的不仅仅是口才
——推销自己的话，要真诚地说

谈判不仅需要口才，还需要真诚。真诚是人们发自内心的感受，你是否真诚地对待他，他可以感受到。在真诚的沟通中，你和客户的关系是轻松的，融洽的，谈起生意来自然没有那么多的戒备。

你在和客户谈判的过程中，介绍自己手中资料只是说出了基本的事实，是一种毫无感情的沟通。有人说商场如战场，与客户之间怎么有可能产生感情呢？

你在和客户沟通的过程中，需要面对的不是问题，而是客户的心情、客户的情绪。如果你面无表情，或者显出嬉皮笑脸等表情，客户一定会觉得你不够真诚，没有与他合作的诚意。真诚地表达是你与客户沟通的润滑剂，客户看到了你的真诚，在谈判的时候也就能多一些耐心，甚至做一些让步。

一直以来，费拉达尔菲亚的克纳费都在试图要把煤推销给一家大型连锁公司。然而，那家连锁公司依然继续使用另一个地方的煤，他们对克纳费所做的一切努力视若无睹。因此，在克纳费的心里一直在骂那家连锁公司。

事情发生转机是在一次辩论赛中。克纳费答应了站在连锁商店一方进行辩护。于是，他到他曾经痛恨的连锁公司去会见一位高级经理。见面后，他说："我到这里来，并不是向你们推销煤的。我只是来请求你们帮我一个大忙。"接着他把辩论的事情跟对方说清楚："我是来请你们帮忙的，因为我想不出还有什么人能够比你们更能提供我所需要的资料了。我非常想赢得这场辩论的胜利。对于您的任何帮助，我都会非常感激的。"

刚开始，克纳费请求对方给自己一分钟时间，对方答应了。当克纳费说明来意后，对方就请他坐了下来，并谈了将近两小时。最后，对方请来一位曾经写过一本有关连锁商店的书的高级职员进来，让克纳费与他交谈。经理还写信给全国连锁组织公会，为克纳费要了一份有关他需求的辩论文件。这家公司给克纳费的帮助非常重要，它将在辩论中发挥很大的作用。

当克纳费走时，经理送他到门外，并用自己手臂环绕着克纳费的肩膀，预祝他辩论得胜，并诚邀他以后再来看自己，把辩论结果告诉自己。最后，他还说了这样一句话："请在春末时再来找我，我想签下一份订单，买你的煤。"

克纳费有点惊讶，因为在整个交谈过程中，他们的谈话中没有半个"煤"字。

为什么连锁公司经理会如此尽力帮忙呢？因为当这家公司的经理说"我认为连锁商店对人类是一种真正的服务""我以我为数百个地区的人民所做的一切而感到骄傲"时，克纳费已经真诚地赞同他了。而这种赞同，对方看出完全是发自克纳费的内心。

无数事实证明，与客户沟通并不在于你把材料背诵得多么流畅，说得多么滔滔不绝，而在于是否善于表达你对客户的真诚！口若悬河可以赢得客户的注意，但是真诚的表达才能够真正打动客户，激发客户感性的神经。如果你能够用得体的话语表达出你的真诚，你就赢得了客户的信任，与客户建立起了信赖的关系。

有这样一段电话销售人员与客户的对话：

"您好，我是家园售楼中心，我姓陈，有关家园居报价的事，我想找你们负责人谈谈可以吗？"

"我就是，你说吧。"

"我们这批房子出自国际知名设计师，这种设计您就是住上100年，也不会落伍，不光是外形上叫人刮目相看，每项设施也一应俱全，你看还有车库，修车凹道，宠物居室，花园，鱼池，露天烤箱等。房子里还有……我们这套房子虽然标价……但您可以先交3万首期，其余的可办15年按揭。"

"啊，我知道。"

"还要提醒您的是……"

"这几天我不在公司，以后再谈吧，再见！"

案例中的这个销售人员由于急于求成，对电话交谈中准客户的心理感受和所谈的内容，全然不顾，因而造成了一次失败的电话沟通。真诚的表达是一种"软实力"，客户可能会因为信赖你这个人从而喜欢听你说的话，进而喜欢你的产品。俗话说：真诚换真诚。如果客户感受不到你的真诚，难免会想"凭什么听你的一面之词，来把我的钱拿走呢！"聪明的男人应该懂得先处理好客户的心情，再处理好事情，处理好客户的情绪，再介绍自己的资料也不晚。

在今天这个社会，真诚显得更加的珍贵，谁都希望能够和真诚的人交谈。很多客户在购买产品的时候，需要的不仅仅是产品和服务，还需要一个能够真诚对待他们的销售人员。你与客户沟通的时候要流露出自然而然的诚恳，因为谁都希望自己被真诚的对待。从另一个立场上来讲，你也可能成为别人的客户，所以，你应该去理解你的客户的心理。

真诚的表达实际是向对方表示一种肯定、理解、欣赏和羡慕。对方从你的话中领会到的就是这些。真诚应该是发自内心的，如果你总是说一些违心话，给客户留下了不好的印象，当你真的变真诚了，恐怕客户也不会再信任你了。所以，与客户沟通，真诚的表达是关键，只有态度诚恳，你的介绍才能显得自然，别人才会对你说的话感兴趣，你才能获得理想的效果。

总之，你要想成为一个好的演讲者，需要把你的真诚注入到演讲之中，试着把自己的心意传递给对方。只有当客户感受到你的诚意时，他们才会打开心门，接收你所说的内容，进而让彼此之间实现沟通和共鸣。

7. 人没有好奇心就如同行尸走肉
——引起客户好奇的话，神秘地说

在这个世界上，谁都有好奇心。好奇心是人们探索未知的动力，也是让人们沉浸其中的吸引力。在与客户沟通的时候，可适当地运用悬念来唤起客户的好奇心，让客户能够耐心地听自己说，为自己创造机会。

好奇心是人们所有行为动机中最有力的一种。我们身边的人有这样的习惯：看到别人围在一起，就会走过去瞧瞧。这是因为人都有好奇心。你想在短时间内抓住客户的注意力吗？好奇心可以帮助你。

富勒公司是美国最大的生产黑人化妆品的企业，而约翰逊的公司是一家只有一百万美元注册资金的黑人化妆品生产商，简直没有可比性。可是现在，约翰逊公司的知名度已经与富勒公司并驾齐驱了。

也许你会好奇约翰逊的生产规模一直不大，广告投入也少，那么它是怎样获得这种效应的呢？很简单，约翰逊公司除了保证产品质量外，它靠的就是屈居第二的推销法。它在自己的广告中这样说："富勒公司是化妆品行业的金字招牌，您真有眼力，买它的化妆品是正确的选择。不过您在使用它的化妆品后，再涂上一层约翰逊公司的水粉护肤霜，准会收到意想不到的奇妙效果。"

那些买得起富勒化妆品的黑人，并不在乎多买一瓶约翰逊水粉护肤霜试试，借此契机，约翰逊的产品也就堂而皇之地走进了千家万户。

约翰逊公司可以说十分的"狡猾"，他们通过富勒公司的产品名声唤起了购买富勒公司产品的客户的好奇心，然后在此基础上将自己的产品推销出去。在和顾客接触的时候，为他们设计一些悬念，以唤起他们的好奇心。你需要让客户停住匆匆的身影，可以用一些小手段来引起他们的兴趣和注意，然后再具体说明，全面地交谈。在好奇心的驱动下，他们一定会关心你下面要对他们说什么。"好的开始是成功的一半"，所以，一些可以调动客户好奇心的话，可以用来做开场白，或者消除陌生感所带来的尴尬。

在吸引客户注意力的时候，你可以说一些让他觉得有一点奇怪、纳闷的提问，借此引发顾客对产品的重视和购买的欲望。

在一次贸易洽谈会上，卖方对一个正在观看公司产品说明的买方说："你想买什么呢？"

买方说："这里没什么可买的。"

卖方说："对呀，别人也这样说过。"

当买方正为此得意时，卖方又微笑着说："不过，他们后来都改变了看法。"

"哦？为什么呢？"买方好奇地问道。

于是，卖方开始进入正式推销阶段，公司的产品得以卖出。

这个故事很好地说明了好奇心的作用。很多客户常会无目的地看一看，实际上他们没有买东西的计划。如果卖方在买方不想买时，直接向他叙说自己公司产品的情况，买方可能直接拒绝掉。但这家卖方十分聪明地设置了一个疑问，也迫使买家想知道为什么，于是就要慢慢听我道来。正是因为这份好奇心，卖方有了向其推销产品的机会。

很多善于和客户谈判的人都知道一些"小花招"的妙用。表面上客户掌握着谈话的主动权，实际上自己才是掌握一切的人。只要他的客户有好奇心，这样的人也从来不缠着客户听自己的介绍，而是很有风度地说上一两句话，就让客户心甘情愿地掉进了自己的"陷阱"。巧妙地利用客户的好奇心，不仅有助于以后的谈判，还可以营造一个轻松的氛围。

　　唤起好奇心的具体办法则可灵活多样，要尽量做到得心应手，不留痕迹。抓住客户的好奇心有几个必须掌握的要领：

　　大部分人对新鲜的、未知的问题或者事物有着浓厚的兴趣。这样的客户有着敏感的神经，也容易产生好奇心，只要他对你的介绍感兴趣，哪怕是从来没有接触过，也会愿意尝试一下。对于这样的顾客，满足他们的好奇心是关键。当然，你设置的悬念一定要符合他们的胃口，不要让他们对你失望。

　　悬念的设定还应该符合产品的卖点。挂羊头卖狗肉的事情不要干，这样会影响你的形象。不管你设定什么样的悬念，最后都要能够追溯到产品的卖点上。比如，你对客户说："先生，请问您知道世界上最懒的东西是什么?"客户摇摇头，表示猜不准。你接着说："就是您收藏起来不花的钱，它们本来可以用来购买空调。让您度过一个凉爽的夏天。"悬念的设定需要你认真地体会产品的独特性和客户的消费心理，这需要花费一些心思。

　　另外，还要强调的是唤起客户的好奇心虽然非常的重要，但是不要纯粹为了唤起好奇心说一些不着边际的胡话。如果你的悬念设定的不够合理，就会让客户感到自己被戏弄了，有一种不被尊重的感受。悬念的问题也不要设定的太多，客户没有闲工夫和你瞎猜。如果客户厌烦了没完没了的唠叨，你就失去了所有的机会。只要你发现客户的注意力已经转移到了你的身上，你就应该快速地进入正题。所以，引起客户好奇心的话，应该神秘地说，但要说得及时准确。

　　总之，你制造一些悬念，引起客户的好奇，然后再顺水推舟地介绍下去。客户往往会因为你的那一番饶有兴趣的话语和动作而被吸引，你才有说话的机会，这便是客户了解你和你的产品的开始。

8. 言行在于美，不在于多
——客户说话时，等等再说

所谓谈判，就是与客户坐在一起进行沟通交流，就应该有来有往。如果只是你一个人在不停的说，甚至随意打断客户的话，任由个人高谈阔论，也许你会快意一时，但却可能因此而造成巨大的损失。

生意场就如同战场，在这里没有硝烟弥漫，也没有血流成河，或许双方真正的较量就在弹丸之地的谈判桌上，但是这场战争的结果却会关乎着数以千万计的金钱和无数员工的利益。

经验丰富的谈判高手，在与客户谈判时绝对不会随意打断客户的话，而是耐心的等待他把话说完，从他的话中了解对方真正需要的是什么，客户的底线又是什么。就算是客户提出的一些意见和条件根本不能接受，但是他还会静静地听下去，除非出现非常特殊的情况。

因而，在与客户打交道时，应该了解客户的真正需要，在与他交谈中，即使你知道他想要说什么，也不要试图打断他。这并不仅仅是一个礼貌问题。因为没有任何一个客户会愿意与自作聪明、自以为是的人打交道。

刘树森在自己的镇上盖起了一套三层的楼房，当房子三层刚封顶时，几个朋友在他家吃饭。席间，来了一位专门安装铝合金门窗的个体户，与刘树森一见面就递了张名片。其实这位个体户的店铺门面也在镇上，刘树森虽然见过他，但两人之间没有业务往来。

个体户与刘树森见面后，便开始推销自己的产品。听完个体户的介绍，刘树森说："虽然咱俩以前不认识，但通过我们刚才的一席话，我感觉你对铝合金门窗安装的经验很丰富，也相信你能做得很好。但是在你来之前，我们厂里一名下岗钳工已经向我提起过这事了，说他下岗了，门窗安装之事让他来做……"

刘树森的话还没说完，个体户便插话道："你是说那东跑西走的小张吧？他最近是给几家安装了门窗，但他那'小米加步抢'式的做法怎么能与我们比呢？我们的设备和工人在咱这块儿可是出了名的。"

这话不说还好，一说便马上让刘树森改变了主意，他接着说："不错，他是手工作业，走家串户，更没有你们那先进的设备。但他现在已下岗在家，手头也不宽裕，只能这样慢慢完善。我们俩平时交情也不错，我已经决定让他做了！"

结果个体户只得郁闷的离开了。后来，刘树森对朋友们说："那个个体户没听明白我的意思，就把我的话给打断了。本来我是想暗示他，告诉他现在做铝合金门窗的人很多，不光他一个人上门来找业务。我也打听过了，他做门窗已经多年，安装熟练，效果都挺好，而且也很美观。但他的价钱很高，我只是想杀杀他的价格，可他的一番话攻击了我的好友，我就是去找别人，也不会让他来安装。"

一个精明的谈判者在与客户交谈时，即使客户发表长篇大论，喋喋不休，也绝不会插嘴，打断客户的话。因为随便打断他人的言谈，不仅不礼貌，而且会引起别人的反感，导致什么事也可能谈不成。

所以在进行商业谈判时，一定要有耐心倾听客户所关心的问题。如果不认真听取客户所关心的主要问题，而是自己随意地罗列出自己的一些要求或看法，结果只有一个：让客户跑掉！

同时，在谈判中还要表现出对客户的话特别感兴趣的样子，即使他说的你真的一点都不爱听。比如，在他说话时，用双眼注视着客户，注视着

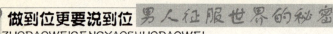

他的嘴唇，切忌东张西望，心不在焉，否则他会认为你根本没有认真听他讲话，对于这次的谈判很不重视。

　　当然，在与客户交谈时，我们还要尽可能不让客户牵着鼻子走，而是将话题的主动权牢牢掌握在自己手里。只有这样，在谈判中才能居于上风。要知道，有些客户说起话来可是没完没了的，有时会离此次谈判的主题十万八千里。这时候，我们就需要把话题扯回来，如果害怕客户会因此生气，也可以先让他们畅所欲言，当他们有所停顿的时候，再说出自己的一些看法，这个时候他们会乐意倾听你的观点。一旦他们满足了自己的欲望后，我们说什么，他们一般都能听得进去。

第六章

能做会说朋友多，只做不说成寡人

美国总统罗斯福曾经说过："成功的第一要素是懂得如何搞好人际关系。"的确，在现实生活中，对于男人来说，朋友资源就是一种无形的资产，它自身虽然不是财富，可是没有它男人就很难聚敛财富。但是，男人要赢得朋友不仅要靠将心比心地表现真诚和友谊，还要靠嘴来更好地与朋友进行交流和沟通。因为在现代这个社会，沟通胜过拳头，人脉决定输赢。

1. 水至清则无鱼，人至察则无徒
——对朋友的话，挑着说

因为朋友与我们接触较多关系较近，所以我们更能发现朋友的不足和错误，但是人非圣贤，谁都有错。作为朋友，我们有责任帮助朋友改正错误。不过在我们发表对朋友的看法时，也要把握一定的说话艺术，学会挑着话说更能增进友情。

由于感情深度不同，男人的朋友是分层次的。有的朋友可以交心，有的则只可以共事，有的可以互相帮助，有的则可以进行语言和思想上的交流。总之，对待什么样的朋友，就应该付出什么样的感情，不能一概而论，对什么朋友都推心置腹。

对那些酒肉朋友我们只需要和他们保持不远不近的关系就可以了，避免因为说话太过而伤害到他们给自己带来麻烦。只有真正可以相互帮助、可以交流思想的朋友，才值得我们费心地去研究一下怎么去和他们相处，怎么相互监督、相互督促、共同进步。

有人说，真正的朋友，在发现朋友的不足、错误或是缺点时会直言不讳地说出来。可是，如果一个男人不分场合、不顾朋友的感情，常常对朋友当头棒喝，任凭是什么样的朋友都会忍受不了这样的人。一个聪明会说话的男人不会这么做，更不会这么说。

他们懂得包容，并拥有足够的容忍力。他们一方面会巧妙地挑一些朋友可以接受的话来帮助朋友弥补不足、改正错误；另一方面又可以维护好自己和朋友的友谊。他们在与朋友交流时懂得挑话说，主要是指他们懂得挑内容和挑时机，在不同的时机挑不同的话说。

其中，挑内容就是尽量不要像其他朋友一样专挑好听的说，无限度地放大朋友的优点，遮住朋友的缺点。这样不仅不利于朋友进步，还有可能引导朋友犯错。所以一个真正把别人当朋友的男人绝对不会对朋友说太多这样的话，他们所挑的话一般都是朋友的不足，是朋友想要极力隐瞒的错误和缺点。他们提出朋友的这些事情主要是为了帮助朋友们怎么去克服并战胜这些不足，从而达到帮助朋友完善自己的目的。

王立海曾经有一个不错的朋友小张。和小张在一起王立海总能找到一种自信，因为小张总是会说一些让王立海听了比较高兴的话。最初的时候王立海视小张为知己，以为他们是子期遇伯牙。可是一次车祸后王立海就再也不喜欢跟小张在一起了。

由于王立海特别喜欢各种车，所以小张常常夸他车技高明，常要王立海带他去飙车。有一次，俩人去飙车，小张不停地要王立海开快点，结果在一个急转弯处王立海没有掌控好方向盘，车子一下子冲出路外去了，还好当时在郊外没有什么人，车子撞到了一颗树停了下来，俩人虽然都虚惊一场，可是修车费就花了王立海两个月的工资，从那以后王立海就不太喜欢和小张混在一起了。

真正的朋友都是愿意设身处地地替朋友考虑问题的，而不会为了达到自己或朋友的某种目的而不顾厉害关系，像小张这样做谁的朋友都长久不了，因为他不懂得替朋友考虑问题。

而挑时机就是说一个聪明会说话的男人，总是懂得在朋友可能会接受他的指责或是批评时适机说出一些刺耳却对朋友有建设性的话。

万长志和甄新军是一对不错的朋友，两个人从高中到大学一直相互鼓励、相互批评直到现在两个人都当上了老板，他们两个人之所以有现在的成绩很大一部分原因就是，他们彼此懂得在适当的时机提出朋友的缺点、错误，并能让对方认识到自己的缺点和错误，然后改正。

年轻时万长志曾经有一段时间特别迷恋酒吧，他常常在酒吧呆到很晚。有时还和一些风尘女人一起唱歌跳舞，对于他的这一不良嗜好，甄新军非常反感，他觉得一个将来要干出一番事业的人，不能迷恋于这种消磨人意志的场合，更不宜和一些风尘女子混在一起。可是，假如在万长志在酒吧娱乐时，直接把他拽回来，并不能从心理上打消他的这种念头。于是，甄新军决定寻找一个合适的时机好好地给他分析一下厉害关系。

很快，甄新军就找到了合适的机会，万长志由于长时间在酒吧喝酒，得了胃病，有时胃痛起来自己都不知道该怎么办。刚好有一次他们两个在一起吃饭时，万长志吃了点辣的就开始胃痛起来，甄新军赶忙帮他找到了胃药，服下药以后万长志感觉好了一些，于是甄新军就晓之以理，动之以情地向万长志倒出了利害关系，奉劝他以后不要再沉迷于酒吧，好好保养自己的身体，为以后创业打好身体基础。

从那以后，万长志就很少再去酒吧了，有时在谈起自己的成功时，万长志总是很感激地说："在我成功的道路上如果没有甄新军这个朋友，我可能还要走很多弯路。"

虽然有人说："水至清则无鱼，人至察则无徒。"但是作为真正的朋友，就应该像甄新军那样对朋友负责，帮朋友改正错误，引导朋友积极进步。而不能像小张那样和朋友在一起只图一时快乐。

当然，对朋友的错误不能睁一只眼闭一只眼，但是向朋友指出不足和错误也应该注意方法，就像甄新军那样懂得有话挑着说，既不伤害朋友感情，又可达到说服朋友的目的。

2. 红花还要绿叶配
——求助朋友的话，虚心地说

　　现代不需要独行侠，一个篱笆还要三个桩呢？男人也要朋友帮。没人帮助或许男人也可以做好一件事，可是他要付出的努力估计就要成倍增加。所以，男人求助朋友不丢人，而是一种策略。但是如何获得朋友的援助，光靠哀求还不够，还要首先在语言上表现出你的诚意，向朋友求助的话要虚心地说。

　　现代社会是一个分工合作的社会，谁都没有三头六臂，谁也不可能事事能及，很多事情我们都需要求人帮助，而朋友无疑就是我们身后最坚固的一道保护伞，有了他们的帮助很多事情我们都能轻而易举地完成。但是朋友也是人，也有自己的事情，也有喜怒哀乐，也有自己的个性特点，所以我们在向朋友求助时首先要懂得放低姿态，虚心地和他们讲话。

　　一代名将韩信虽然在自己最落魄的时候能够忍受跨下之辱，而后获得了一些成绩。但是他当了将军以后就开始得意忘形，经常在自己的大哥刘邦面前炫耀自己，不懂得虚心低调，结果最终和刘邦反目成仇，后来死于非命。

　　由此看来，和朋友相处要时刻懂得谦虚谨慎，在向朋友求助时更要懂得给足朋友面子，放低自己的位置和姿态，只有这样你才可以赢得朋友的信任和好感，最终才能有人愿意帮助你。相反，只懂得孤芳自赏，又自命不凡的人不仅得不到朋友的帮助，还有可能因此失去朋友。

　　在美国曾有人做过这样一个问卷调查，他向2000多位雇主发出了请求，希望能够查明他们公司最近解雇的三名员工的资料，然后请他们回答：解雇这些员工的理由。虽然这两千名雇主相互不认识，而且分布在美国各地，所从事的行业也各有不同，但是他们的答案都出奇的相似，其中有2/3的答案是：因为那些被解雇的员工不懂得和同事们搞关系，得不到同事们的友谊，工作上经常出错。

由此看来，男人即使在工作上也需要得到不同朋友的帮助，同事虽然和我们之间存在着一定的竞争关系，但是如果能够和同事们成为朋友，能够谦虚地赢得同事的帮助，那么我们之间的竞争也能实现双赢。

在漫长的人生旅途中，每个人都难免会遇到困难，都有可能感到有志难酬，或是长期坐着冷板凳无人理睬，无人相助，但是只要我们还有朋友，只要我们虚心地向他们发出请求，我们的真诚最终一定能够赢得朋友的感动，从而得到朋友的帮助，我们就一定能够战胜困难，改变现状，甚至获得成功。

张志林起先是南京一所小学的美术教师，常年来他都在自己平凡的岗位上默默奉献，一个小学教员的工资也只能维持他家拮据的生活。一次，他在报纸上看到有人专门收集火柴商标的报道后，引发了自己想要收集火花图片的兴趣。

之后，他为此展开了积极的活动，不过最初他向一些火柴厂征集火花时并没有得到积极的相应。于是，他油印了300多封言词谦虚、情真意切的短信邮寄到了各地火柴厂家，没想到这次竟然有不少人给他寄来了许多枚各式各样精美的火花。他高兴极了，于是他就想起了自己的一位好友在报社工作，于是他就想通过朋友的帮助结识更多持有火花样式的朋友。

此后，他主动找到了那位朋友，见到朋友以后他兴高采烈地向朋友展示了自己的成果，朋友看到他得意的劲虽然也想帮他，但是又怕效果不好令他失望，于是朋友就拒绝了他。为此他感到非常纳闷，原来他这位朋友也喜欢收集火花，可是他收集到的火花却不多，于是张志林就怀疑朋友是不是嫉妒他而拒绝帮助他。

又过了十多天，张志林又找到了他的那位朋友，他说："我还是觉得以我自己这么发信件能够收集到的火花一定是有限的，因为有的人可能会怀疑信的真实度，还是通过报纸比较权威可信，看来我的这个麻烦还真要靠你来帮忙了！"朋友听他这么抬举自己也不好推脱，就帮他写了一条征"花"信息。

报纸出版后，没过几天，张志林就收到了成千上万的火花藏品，后来他的火花藏品达到了十几万，他自己也成了南京市远近闻名的"火花大王"。有了名声张志林的收入也很快有了起色。后来回顾起自己的发"花"史，张志林认为如果自己没有放低姿态谦虚低调地向朋友求助，或许他现在还只是个月收入一千多块的无名小教员。

从张志林的成名过程中我们就可以得出这样的结论，朋友有时候虽然想要帮你，但是如果你在朋友面前表现得太过强势、太过高调，那么你的请求就会给朋友带来一定的压力，因为你既然向朋友求助就是为了获得更好的发展，但是朋友看到你这么高调就有可能会感到心有余而力不足，从而怀疑自己的能力。

相反，如果你在向朋友求助时语言诚恳低调、谦虚，那么朋友的热情在某种程度上就会得到鼓舞，因而会更热衷于帮你，这样他做出的成绩越好，对你的帮助也就越大。

所以说多交朋友很重要，虚心地向朋友求教、求助更重要。多交朋友等于把人力资源都笼络到自己身边，而虚心地向他们求教、求助则是挖掘这些资源的高效仪器。无论一个落魄的人，还是一个成功的人在向朋友求助时都要保持低调，虚心求助，只有这样你才能更大地激发朋友的力量。

3. 以人心换人心
——关心朋友的话，真诚地说

美国总统林肯曾经说过："人生最美好的东西，就是同别人的友谊。"在获得别人的友情以后想要朋友怎么对待自己呢？马克思曾说过："你希望别人怎样对待自己，你就应该怎样对待别人。"所以与朋友相交就要将心比心，可是话不说不明，光靠实际行动还不够，关心朋友首先要在语言上体现出你的真诚。

由于在社会生活当中大家都懂得人脉即是财脉，所以很多人就开始打起了朋友的主意，有些人交朋友纯粹是出于利益关系，特别是需要在社会上打出一片天地的男人们，他们更是把朋友看得越来越功利了。但是，我们永远都彼此记住一点：交友的基础是真诚，纯粹为了利益的互相利用不是友情的代名词。

德国作家歌德曾说：只有用品格才能换来品格。只有真诚才可以在相互信赖的人们之间架起友谊的桥梁。只有真诚的人们才可以通过这座桥打开对方心灵的大门。一个人也只有在与朋友相处的时候拿出了诚实，自信、坦诚地向对方敞开心扉，对方才可能会摒弃戒备与你交心。相反一些一心只想利用朋友，在朋友失去利用价值以后就一脚踹开的人永远都得不到最真、最纯的友谊，而他们自己最终只能落得形单影只的下场。

马克思与海涅就是一对彼此真诚的好朋友。1843 年底，海涅流亡巴黎，在那里他结识了马克思。虽然两个人在年龄上相差 20多岁，但是这丝毫没有影响到他们的友情。那段时间，海涅几乎每天都能和马克思夫妇见面。马克思每听一首海涅写的诗作，都极慎重地指出他的一些不足和弱点，马克思的真诚鼓舞了海涅向他求教的激情。于是，海涅每写完一首诗作都愿意拿出来和马克思一起修改。后来海涅终于写出了经典的诗作《德国——一个冬天的童话》。

通过马克思和海涅的事例我们不难发现真诚在交友中非常重要。对于真正的朋友而言，真诚是他们相互交流的基础，不够真诚的两个人不可能成为真正的朋友。所以在我们日常向朋友表达关切时首先就要拿出我们的真诚，在语言上更要足够诚恳。

前不久刘翠山遇到了很大的困难。由于全球经济危机闹得各国市场都不景气，刘翠山炒楼和炒股都失败了，投进去的一大笔钱都打了水漂，现在他连生活都成问题了。无奈之下他只好向周围的朋友们借钱维持日常开销，可是经济一直不见好转，刘翠山周围的朋友又怕他不能及时把钱还上，于是就不敢再借钱给他，一时间刘翠山感觉自己真要走上绝路了。

后来在翻通讯录时他又翻出了一个朋友的电话号码，他的这个朋友叫何成峰，是他以前的同事，现在西安工作。于是，刘翠山就小心翼翼地拨通了他的电话号码。号码拨通后，刘翠山毫不掩饰地说了自己目前遇到的困难，炒楼和炒股失败，甚至没钱维持生活。

何成峰听完他的经历，二话没说就问他想借多少，要不要多给他打点钱用作周转资金。听到何成峰这样的回答刘翠山感动得热泪盈眶，泣不成声地问："我现在这样，为什么你还敢借给我这么多钱，你不怕我没有能力还给你吗？"何成峰想了一会儿说："如果是换了别人有可能会赖账，但是你不会，因为通过和你在一起工作的几年时间让我认识到了你是一个诚实有信誉的人，你要不是遇到了难处你肯定不会找我这个远在他乡的朋友借钱的。翠山，我相信你一定会东山再起的。"

听到何成峰这么真诚又暖心窝子的话，刘翠山感动得说不出话来。借来了何成峰的一笔钱以后，加上何成峰的信任和鼓励，刘翠山一改从前一口气吃个胖子的想法，开始脚踏实地做起生意来了。由于勤快踏实，他很快就挣了一笔钱，这时何成峰的事业却出现了危机，而此时刘翠山已经有能力把钱还给他了，何成峰的事业也因此有惊无险。

朋友贵在真诚，如果当时何成峰不是真诚地鼓舞刘翠山继续努力的话，那么刘翠山还可能死守着他的股票发呆呢？而他借给刘翠山的钱也有可能一去不回了。所以在朋友落魄时一定不要视而不见，不要讽刺挖苦，更不要落井下石，而应该真诚地表达出你的关切和安慰，如果可以尽量伸出援助之手。

艾琳·卡瑟曾经说过："诚实是力量的一种象征，它显示着一个人的高度自重和内心的安全感与尊严感。"对待朋友真诚的人一定是一个心胸坦荡的人，一个值得信赖的人，试想谁不想和这样的人成为朋友呢？

4. 你是值得信赖的

——朋友的私事，秘密地说

不能否认，每个人都有不愿公开的私生活和鲜为人知的秘密。即使作为好朋友甚至知己也要懂得尊重对方的私密，不要口无遮拦，说话不过大脑。在涉及到朋友的私密时，或是在朋友一时情急跟你谈及私事时也要照顾到朋友的面子，秘密地说。

有人说是朋友就要相互倾心，就要毫无保留，甚至说出自己的隐私。对朋友说出的事情越私密说明对朋友的信任度越高。事实上任何事情都有一个度，朋友间的亲密度更是如此，如果你在和朋友的相处中不能很好地把握这个度，那么你和朋友不欢而散的日子也就不远了。

有人曾经说过：要想离间两个人就让他们尽量地靠近。知道刺猬定律的人都知道当两位朋友靠得太近了，那么他们彼此的个性特点就很有可能会伤害到对方，相反如果他们能够保持适当的距离就可以保持他们友谊的稳定性。

因为作为一对朋友如果两个男人关系靠得太近，那么不论彼此的优点还是缺点都会被对方看到，如果彼此忍受不了彼此的缺点，那么一对好朋友就会因此而成为路人，因此古人就得出了这样的结论：君子之交淡如水。我们不能把袒露多少个人隐私来作为彼此之间友谊的衡量标准，更不能和朋友"无话不说，无所不谈"，而应保持一定的安全距离。

曾经有一个火车司机，他每天开车都要经过一座山间小镇，小镇边上有一座花草簇拥的白色小屋。每次他开车经过，都会看见一个女人站在白屋门前，远远向他挥手。起初她身边站的是一个拽着她衣襟的小女孩，后来小女孩渐渐长大了，就和母亲并立门前，一起朝他挥手，司机很感动。

有一天，他朝着那座小白屋走去，然后忐忑不安地敲门，门开了，走出的是一张充满敌意和不信任的脸。老司机清楚地知道，这就是几十年一直向他挥手的妇人。老妇人对陌生人的戒备和冷冷的态度，使他感觉到强烈的失望。司机告辞了，心中是说不出的落寞与伤感。

人世间有很多东西就是如此，你走得越近看得越清就会越失望。所以在我们和朋友们表示友好、关心和真诚时也要注意保持安全距离。但是，如果你的朋友对你足够信任，时常不顾一切地把自己心中的秘密全部向你合盘拖出。听到这些隐私以后，你所要做的不是替他宣传，而是应替他保守秘密。

因为任何人都有隐私，这些隐私一般都埋在心灵深处，而且不希望被人侵犯。朋友出于信任，很坦诚地把内心的秘密告诉你，这是你的荣幸。但是如果你不能替他们保守秘密，说话毫无禁忌，当你不小心说出了朋友的秘密时，就会伤到朋友的心。因为隐私是人们心灵深处最敏感的角落，一旦这个角落受到入侵就会惹怒朋友。

赵津生和顾海涛是北京一家公司里的一对好朋友，平时除了工作时间，其他时间他们几乎无话不谈。后来赵津生爱上对门一家公司姓蔡的姑娘，由于初恋时的心情比较焦躁不安，于是赵津生就把自己打算追蔡小姐的秘密告诉了顾海涛。凑巧顾海涛和那家公司的一个部门经理认识。结果在一次谈话中顾海涛说漏了嘴，向那位经理说出了这件事，结果赵津生还没追蔡小姐呢，这件事已经在两个公司传得沸沸扬扬了，弄得赵津生天天上班都觉得不自在。最终赵津生和顾海涛也弄得不欢而散。

通过上述赵津生和顾海涛的事例，我们不难认识到为朋友严守秘密是维持朋友间友谊的一条不容忽视的原则，秘密守得好皆大欢喜，既可缓解朋友心中的压力和焦躁，又不会有损你们的友谊；如果守不好，那么你们就会反目成仇，你们之间多年的友谊就可能会毁于一旦。

如果你是一个心里藏不住事的人，在得知朋友的私密以后很想找个人述说，但是你也要注意说话的分寸，和一个可靠的人秘密地谈论，否则即使不是你把朋友的秘密宣扬了出去，当朋友的秘密被人指出时，朋友也会怪你。就像上述事例中赵津生的心事被人传来传去时，他首先怀疑的就是顾海涛。

在生活中，我们要适当地注意和朋友保持一定的距离。因为当我们尽可能地走近一个人的时候，就会看到彼此之间存在的差异和彼此的缺点，当然还有彼此的秘密，而我们一旦得知了朋友的秘密就必须在谈及这些事情的时候转入地下，秘密地交谈，否则让别人得知了朋友的私密，也就是我们和朋友之间的友谊寿终正寝的日子了。

5. 世上没有不透风的墙

——朋友的闲话，不能说

中国人自古以来爱说闲话，有些人一聚到一起就开始东扯西拉，其中说的最多的就是别人的闲话，可是世上没有不透风的墙。你说了朋友的闲话之后总有一天会被朋友知道，如果你的话伤及了他的感情，那么你们的友情就会变味，所以即使在闲谈时也不要说朋友的闲话。

有人说千金难买是朋友，而且在现代社会对男人来讲更是朋友多了路好走，所以男人们一直都很注重朋友感情。但是在男人小心翼翼地呵护同朋友之间的友谊时，一定不要为了逞一时口快而说出了有伤朋友感情的话来。

不可否认，在中国人长久以来说闲话就是人们津津乐道的话题。在人们空闲的时候走亲访友，四处逛逛，如果可以的话大家还可以一起坐下来谈天说地消磨一下时光。可是就在这一坐、一谈之间有很多事情就此发生了变化。

因为大家在坐到一起聊天时首先说到的肯定都是一些关于熟人或是朋友的事情，如果这些都是无关紧要的事情和话题，到无伤大雅，但是说到高兴或是伤心的事儿时，谁都不能保证自己说的依然是一些正大光明的事情，很可能在你一激动的那一刹那有些关于朋友们的见不得人的事物，或是你对朋友不满和怨恨的话就从你口中说了出来，说完之后或许你的心里暂时舒畅了，可是天下没有不透风的墙，如果这些闲话传到了朋友的耳朵里，他们会怎么想你呢？他们会像你说这些话时这么平静吗？

一旦这些话传到了朋友的耳朵里，朋友首先就会觉得你作为他们的朋友这么做是不对的，其次他们会感到伤心，你们既然是朋友就应该懂得维护彼此的尊严，而不应该在背后说人闲话，最后他们会感到心痛，进而会引发愤怒，这就有可能会无端地生出一些事来。

朱大志和王卫东是同村的一对铁哥们儿，他们不仅是老乡、同学还是毕业后的合作伙伴，一次朱大志在跟一位朋友闲聊时说起了王卫东。他说："我跟卫东合作这么多年了，他的本事还是一点长进都没有，有时候我真想换一个合伙人，他那就知道惟命是从毫无主见的样，我看到就难受！"然而事实上，朱大志和王卫东做了这么多年的朋友和合伙人，其实看中的就是他的忠诚。

朱大志在说那些闲话时也只不过是发泄一下事业上的压力，谁知道朋友听了他的话回家又在跟妻子聊天时说了出来，而他的妻子又是王卫东的妻子的发小。后来话就传到了王卫东耳朵里，得知自己的铁哥们儿这么评价自己，王卫东只怪自己太笨了，一直以来都这么信任他，而他从来没有把自己放在眼里，于是就疏远了朱大志，而且对朱大志的很多决策也不再执行。

少了两个人的配合，他们的生意越来越不顺，而事业上的困顿让两个人的压力越来越大，有时为了一点小事两个人都会争论不休，后来两个人都认识到彼此之间的感情再也不像从前那么铁了，干脆散伙了事。

其实在生活中，谁都难免会有牢骚，想要发泄，可是在你开口之前一定要保证这些唠叨和发泄无伤大雅，不会伤害到别人的感情和尊严，否则，纸里包不住火，这些闲话万一在不经意间传到了其他人耳中，就有可能会混淆视听，甚至被听话者误解从而给你们的感情和友谊造成负面影响。

曾经有一名美食专栏作家，他经常在各种报刊杂志上发表一些美食点评，经过他的评论很多餐厅的生意都开始变得火爆，于是有些餐厅的老板们都视这位作家为知己。有一次，这位作家在点评一家餐厅的菜时竟然说"像猪食"，结果这个评论被公开以后，餐厅老板顿时勃然大怒。于是该老板就特意邀请了这位作家去试吃他们的菜肴，结果作家吃完后脸色大变，口吐白沫，没送到医院就气绝身亡了。餐厅老板被逮捕后，毫不掩饰地承认了自己设毒宴的事实，他说：　"他批评我们的菜肴像猪食，他就该死！"

这个事例真叫人瞠目结舌，不过这确实是个真实的故事。这位美食作家最后之所以会死于非命，就因为他的一句尖酸刻薄的话。

古人早有明训："言语伤人，胜于刀枪。"由此看来，我们在没事的时候说些不关痛痒、无关紧要的话也无所谓，但是一定不能在说别人闲话时太过分，不要带有太多的个人感情色彩，而应该多说好话、赞扬的话，少说没用的话，不说尖酸刻薄的话，否则谁都不能保证不会得罪一个像那家餐厅老板那样极端的人，从而惹祸上身。

仍有很多人认为大家平时在一起多说点闲话可以加深彼此的感情，拉近闲谈的人之间的距离，但是在他们拿别人的事情作为谈资加深感情时，有没有想过他们可能会因此而伤害到其他人呢？

举个例来说，小王的一些朋友常常聚在一起说其他朋友的闲话，如果小王光听不说，就会遭到这些朋友的排挤，从而失去他们的友情。但是如果小王也跟着他们嚼舌头的话，他的话早晚会被他们谈论的那位朋友知道，这样小王就可能会失去这位朋友。

或许有人会说小王可以选择接近多数人，辜负少数人，但是真正的朋友不在乎数量而在乎质量，如果小王双方都要照顾就会陷入一种两难的境地，如果小王选择其中的一方就会惹怒另一方，因此小王最明智的选择就是关于朋友的闲话不听也不说，只有这样他才可以赢得更多的朋友。

6. 患难见真情

——安慰的话，贴心地说

> 真心朋友在我们人生的旅途中就像一棵大树，为我们遮风挡雨，为我们继续前行积蓄力量。因此我们在怀着一颗感恩的心对待朋友时不要忘记了朋友也同样需要我们的友谊，因此当朋友遇到难处时，安慰朋友的话一定要贴心地说。

对于男人来讲，朋友就是人生最大的财富。因为在当今社会压力越来越大的现实中，有了朋友，才可以在男人需要帮助的时候找到帮手，才不会让男人觉得举步维艰。所以说，在社会上，朋友就是男人的依靠，是他们勇往直前的动力。

但是朋友也有三六九等，不同的朋友对我们的索求和帮助也有所不同。一位美国的心理学家曾经将朋友分为六种：第一种是最浅薄的朋友；第二种是有共同情趣或者有某种联系的朋友；第三种是功利心重于朋友情的朋友；第四种是可以信任的朋友；第五种是可以交心的朋友；第六种是患难朋友。

在我国古代，明朝时著名学者苏浚也曾把朋友分为四类：道义相砥，过失相规，畏友也；缓急可共，死生可脱，密友也；甘言如饴，游戏征逐，昵友也；利则相攘，患则相倾，贼友也。由此看来，不管是外国人还是中国人在交朋友的时候都很注重对朋友的分类。

苏浚认为，不同的朋友会对我们拿出不同的感情。他说：益友是直言不讳能够直接提出对方缺点和错误的朋友；而密友则是以心相交、生死与共的朋友；而那些只是为了互相吹捧、相互利益或吃喝玩乐的朋友不过是一些昵友；而贼友却是在你危难之时不仅不会出手相助，反而可能落井下石的朋友。

从他们对朋友的区分中我们不难发现只有那些可以交心又愿意在我们身处困境时不离不弃、愿意出手相救的朋友才是真正的朋友。

张卫国和田志鹏是一对好朋友，一次两个人相约去登山。当他们攀上了山顶后，看着四周被风吹过的一片片浮云，还有头上的辽远高空，两个人高兴地手舞足蹈。可是，这时田志鹏一不小心一脚踩空了，只见他身体摇晃了一下随即滑向山间的深渊，就在那一刹那张卫国明白了正在发生的事情。他不顾一切地张口咬住了田志鹏的上衣，同时他自己也被田志鹏的体重拽向了岩边。就在被拽倒的瞬间，张卫国抱住了岩边的一棵树。于是田志鹏就被悬在了半空中。

这时只要张卫国一松开，田志鹏的生命就会随之消失，可是张卫国没有这么做，而是紧紧地咬住了田志鹏的衣服，半个多小时后，过往的游客发现了他们，得救之后，张卫国的牙齿和嘴唇早被鲜血染得鲜红。

当人们询问张卫国怎么能只用牙齿咬住一个人并且坚持这么长时间时，他说："我只知道，只要我一松口，我的朋友就会没命。"

无疑这样的朋友才是真正的朋友，他们在我们最困难的时候不仅不会为了一己之私而放弃我们，还会用尽自己的力量甚至不惜生命去挽救我们，今生如能拥有这样的一个朋友我们还有什么不知足的呢？

相应地朋友可以如此对待我们，我们在对待真正的朋友时也应该拿出我们的真心实意，在他们最危难的时刻伸出援助之手，只有这样我们才能赢得朋友这样的情谊。而且也只有这样的情谊才能经得起各种各样的考验。

不能否定，在这个世界上，每个人都会有遭变而痛心疾首的时候。这时作为真正的朋友，我们不仅要主动地帮助朋友摆脱这种境遇，还要在安慰朋友时尽可能地设身处地体会一下他们的感受，贴心地说出我们的安慰。

因为，当朋友深陷于痛苦之中，如果我们保持缄默，就会让他们觉得我们对他们毫不在意；如果我们对他们的遭遇毫不体贴，只是说些泛泛的安慰之词就会让他们觉得我们是在敷衍他们。《时尚健康》的一位特约心理学家建议我们说："当朋友遭遇痛苦或是不幸时，我们不需要用冠冕堂皇的人生哲理来安慰他们，只需要贴心地说一些简单的话，就能帮助朋友打破心中的坚冰，释放出心底的不快。"

总之，在我们的朋友需要安慰时，我们不能为了安慰他们而去安慰他们，而要理解他们的痛苦，在与他们一同感受痛苦的同时，帮助他们看到事情更积极的一面，只有这样朋友才有可能毫无顾虑地向我们敞开心扉，把我们当作最好的朋友，才可以巩固我们同朋友之间的友谊。

7. 说我们好话的未必全是朋友
——批评朋友的话，委婉地说

人无完人，金无足赤。每个人都有自己的缺点，而作为真正的朋友就有必要帮助彼此认识并改正一下错误，而那些只知道说好话蒙蔽朋友的人，怎能算是真正的朋友呢？不过，即使我们发现了朋友的错误，在向他们提出批评时也要委婉地说，不能不顾朋友颜面，让朋友下不了台。

毋庸置疑，作为世间的普通人，我们每个人身上都难免会有一些缺点，而且任何一个人的能力都是有限的，谁都不能保证自己永远不会犯错误，其实有缺点、犯错误并不可怕，可怕的是我们认识不到我们的缺点和错误，而作为好朋友，我们就应该对朋友积极开展批评，这样才会有利于他们的成长和进步。

　　李晓辉有一群很好的朋友，他们常常在一起下棋。由于李晓辉很爱面子，而且是一个好胜心很强的人，遇到下不过朋友的时候就拖拽着朋友继续下棋，直到他赢了对方为止。朋友们在长时间的切磋中都知道他的这个"毛病"，所以大家一直都让着他，省的让他输得心口都不服，再跟自己纠缠下去。

　　时间一长，李晓辉每次和朋友们下棋都能轻易获胜，于是他就觉得自己的棋艺了得。有一次公司举行象棋大赛，李晓辉就报了名，公然与公司内小有名气的象棋大王叫板，结果比赛刚开始不久，李晓辉就一路处于劣势，最后连输两盘毫无悬念地输给了象棋大王。

　　李晓辉很纳闷平时公司里的这个象棋大王连自己的一些朋友都下不过，怎么能够这么轻易地赢了自己呢？经过观察他才发现他的那些朋友们在跟他下棋的时候都有意让着他。

只有真正敢于指出我们的错误和缺点的朋友才能帮助我们改正错误，弥补缺点，而那些不愿这么做的朋友不是真正的朋友，他们不过是一些普通朋友，他们对我们的进步和成功并没有太大的意义，因此我们应多寻找一些敢于直言不讳地指出我们毛病的朋友。

　　但忠言逆耳，良药苦口。如果我们在批评朋友或是向他们指出不足时语言使用不恰当，就有可能伤害到朋友的尊严和颜面，这样不仅不利于加深彼此的感情，还有可能激化朋友之间的矛盾，所以，即使出于好心，我们在批评朋友的不足和错误时也要注意说话的艺术，也要懂得委婉一点，把批评的话说得好听一点，这样朋友才可能平和虚心地接受我们的批评和指正。

　　宋代文人宋祁为了显示自己博学，常常在写文章时采用一些生僻的字，作为他的好朋友，欧阳修很想在同他一起修《新唐书》时，帮他改改这个臭毛病。

一次，欧阳修去探望宋祁，宋祁不在。于是，他便在宋家大门上写了"宵寐匪贞，札因洪休"几个字。宋祁回家后，看到这几个字百思不得其解，最后只好去问欧阳修。欧阳修笑着说："你忘了，这八个字是'夜梦不祥，题门大吉'！"

听了欧阳修的解释，宋祁感觉自己被戏弄了，于是就抱怨欧阳修不该用这么冷僻的字，欧阳修大笑道："这可是您修《唐书》的手法呀！'迅雷不及掩耳'多明白，你却要写成'震雷无暇掩聪'，你说，这样的史书谁能读得懂呢？"

宋祁听罢欧阳修的话，深感惭愧，同时也深刻地认识到了自己的错误。欧阳修用心良苦地向他指出了他的不足，宋祁对此非常感激。通过这件事两人的友谊有增无减。

坦率的语言并不等于不加修饰的说法，对朋友提出批评、指正错误，多考虑一下方法，含蓄一点表达出来更利于朋友接受。有时朋友之间还有可能因为意见不统一而发生争吵，这时，如果想要说服朋友同意自己的观点也应该采取委婉一点的说法。

列宁和高尔基是一对不错的好朋友，但是，他们常常在一个问题上持有不同的观点，因此他们常常为一些问题争论不休。高尔基认为：苏维埃政权对敌人的镇压太残酷了。列宁认为高尔基的观点是错误的。这时，彼得堡一个老工人来见列宁，向列宁报告敌人的猖獗活动，并说，如果不向富农作斗争，苏维埃政权就无法维持。列宁有意看看高尔基，对那位工人说，那样有人会说我们"太残酷了"。老工人激动地反驳道："残酷的不是布尔什维克，而是富农，他们到处烧杀……"列宁没有强迫高尔基接受自己的观点，而是借老工人的所见所闻，间接地向他展示了事实情况，从而使高尔基赞同了自己的观点。

通过这个事例我们不难看出，朋友间因意见分歧而出现争辩是常有的事，只要我们能够用含蓄的说法向对方证明我们是对的，那么我们就可以在不伤害朋友的前提下巧妙地实现我们观点的统一，同时帮助朋友走出错误的阴影。

8. 没有信任就没有友谊
——信任朋友的话，坚定地说

信任是友谊的基础，是朋友之间感情潜移默化的力量之源，朋友间有了相互信任可以激发出彼此的潜能，能使彼此为之振奋。信任是朋友间友谊的粘合剂，所以说对朋友信任的话就应该坚定地说，只有这样才能像朋友表达清楚你对朋友间友谊的重视和尊重。

在这个花花世界，每个人都不是孤立的，谁都避免不了要和周围的人发生或多或少的联系，相应地人与人之间也就产生了亲情、爱情和友情。

其中亲情是一种与生俱来的血缘关系，我们不能选择；而爱情又是一种可遇不可求的缘分；唯有友情是我们可以选择和把握的。但是即使如此，想要找到一个真正的朋友也不是一件容易的事情，因为信任是友谊的基础，一个不能信任别人的人很难获得别人的友谊。

人与人之间如果没有信任，那么人们就会变得多疑、紧张、恐惧。信任别人是一种美德，也是一个人心理品质高尚与否的体现。被人信任，可以说是一种难能可贵的荣誉。有了相互信任，夫妻之间的感情就会愈加浓郁；同事之间就可以化干戈为玉帛；朋友之间的距离就可以愈拉愈近。所以说有了信任人与人之间才可以更加和谐，朋友之间才可以更加亲密友好，我们的人生之旅才会丰富多彩。

特别是在朋友之间，大家的友谊是建立在相互交心的基础之上的，别人把心都交给了我们，如果我们却不能给人足够的信任，不仅不向对方表明自己的心迹反而把自己的心锁起来，加了密码，上了保险，那么我们还有什么资格要求别人对我们忠诚呢？所以说，要足够信任朋友就应该坚定地向他们表达出我们的信任，不要留任何让他们怀疑我们的感情和友谊的余地。

吕董志和倪高山是同事也是一对很要好的朋友，由于他们的公司比较小，人员也少，所以总体利润不算太高，老板为了保证充足的流动资金，所以连着三个月没有按时发工资了，大家都快揭不开锅了，于是吕董志和倪高山一商量大家一致决定和老板来个"非暴力不合作"，不发工资就不干活，决议一定大家都表示会执行。

第二天吕董志像往常一样从家里出发去上班，结果路上一点都不堵车，他很快就到了公司。到公司以后，老板已经坐到了办公桌前了。他突然感觉做老板的也的确不容易，他并不是不愿意给员工发工资，他现在实在是遇到了麻烦，作为员工大家应该体谅一下老板和他同舟共济。老板看到吕董志几个月没拿到工资还能这么积极地来公司上班很是感动，于是就和吕董志聊了起来。

通过聊天，吕董志发现自己的老板人品不错，不会是一个欠员工的钱不给的人，于是吕董志就临时决定要说服大家好好工作，同时他自己也要好好工作了。倪高山他们到了公司以后看到吕董志正在卖力地工作，就特别气愤地说："你这是什么意思，昨天大家不是说好了吗？要对老板实施'非暴力不合作'的，你是不是出卖了我们？"还没等吕董志解释，倪高山又兴师问罪地呵斥道："老板给了你什么好处，亏我还这么信任你呢，竟然出卖我们，算我瞎了眼看错了人！"

见他这么激动，吕董志也火了："作为员工，公司效益不好，我们首先应该从自己身上找原因，光怨老板是不公平的！"倪高山一听他这么替老板说话更激动了，于是两个人就争吵了起来，虽然俩人最终在同事的劝说下回复了平静，但是两个人的友谊却走到了尽头。

从上述这个事例中我们可以分析出如果你足够信任一个朋友就不应该在朋友做成让你觉得不对的事情时对朋友大发雷霆，而应该信任地让朋友给自己一个合理的理由，如果他能用充分的事实说服你，接受他的正确建议也未必不是一件好事，毕竟谁都有犯错的时候，相反如果大家都像倪高山那样，不问青红皂白首先给朋友安上一个"叛徒"的帽子，那么怎能保证朋友不和他翻脸呢？毕竟人人都不喜欢去背莫须有的罪名。

所以说，这个世界上没有信任就没有友谊。怀疑和不信任是朋友间的最大杀手，而怀疑的口吻和不信任的说话方式就是摧毁朋友情谊的最大帮凶。因此无论是我们委托朋友做一件事也好，还是我们和朋友合作一件事也罢，首先在语言上，我们就要表现出对朋友的绝对信任，要让朋友知道，无论他能否成功地完成一件事，首先在感情上我们是相信他的。

虽然在现在这个社会上有很多人会欺骗别人、利用对方的感情，大家为了获得自己的利益可能会选择出卖朋友或是挖朋友的墙角，但是，我们在语言上一定要说得坚定，不能让朋友觉察出一点被怀疑的感觉，只有这样朋友才能够做成许多对我们有帮助的事情，也只有这样朋友间的友情才会长盛不衰。

9. 独揽话题既无礼，也无情
——有了话题，大家说

人有了自我意识才能看清自己，认识到自己与别人的差距，才可以摆正自己的位置。但是，有些人很容易自我膨胀，在朋友一同讨论一个话题时总喜欢唱独角戏，要知道你这样就会掩盖朋友的光芒，就会遭到他们的不满。所以当朋友之间有了话题要大家说。

这个世界不是因为有了哪一个人的存在而变得多姿多彩，而是因为有了许许多多个性迥异的人才会如此。所以，每个人都应该认清楚自己的位置，不要贬低自己的社会价值，更不要夸大自己的价值，因为只有大家都适当地发挥出了自己的作用，社会才会和谐，人与人之间的关系才会和睦。

但是在男人的意识里，总认为自己是相对重要的人物，朋友离开了他们就会有很多事情不好办，或是办不成。在这种潜意识的刺激下，男人更容易自我意识膨胀，甚至有些人的自我显示欲特别强。在众人面前，他们总是喜欢夸夸其谈地谈论自己或自己关心的事情。却很少会考虑到朋友们的想法，以至冷落了朋友。

王利强和杨新军刚刚认识不久，但是杨新军跟王利强做朋友的念头就打消了，因为他们每次见面时，王利强都是喋喋不休地大谈他的才华、理想和抱负，有时杨新军根本没有说话的机会，更谈不上两人相互交流了。于是，王利强的性格让杨新军失去了与他继续交流的兴趣，他们的友谊也就这样还没开始就结束了。

其实男人有点自我意识更利于男人认识到自己的责任和能力，但是如果男人的自我意识无边无沿地膨胀就会变得目中无人，给人一种高傲、霸道的感觉，就像王利强那样只能看得到自己的一切而看不到杨新军身上的优点、特长和闪光点，以至于让杨新军感到自己被忽视，最后选择离开王利强，不去和他做朋友。

试想，如果王利强一开始就很注重征求杨新军的想法和意见，尊重杨新军的发言权，那么他们的友谊就可能会一直发展下去。一位哲学家曾经说过："与人交谈时，若一定说自己比别人好，便会化友为敌，相反就能化敌为友了。"

由此看来在交友过程中，我们每个人都应该尊重别人的发言权，充分尊重并认识到对方的闪光点，充分地给他们一个在我们面前展示自己的机会，因为一个人，特别是一个男人只有首先被尊重、被重视，他们才会向你伸出友谊之手。所以，男人在交友过程中应该注意下面几个问题，只有做到了下面几点，男人才能成为一个受朋友欢迎的人，才能成为一个有人愿意帮忙的人。

1. 要懂得抛砖引玉。

首先我们交友的目的就是想通过朋友了解更多的人，所以，在和朋友谈论一个话题时，一定要记得在自己表明自己的意见时，给足朋友发言的时间，让他们充分地表述出自己的意思，无论对错，都得给他们一个说话的机会。

2. 和朋友交流不要夸口说大话，更不要只顾面子吹牛。因为，朋友相处不是一朝一夕的事，一时的吹牛早晚会被大家识破。随着朋友对你的了解的加深就会认为一个爱吹牛的朋友不过是华而不实、外强中干、沽名钓誉的人罢了，不值得深交，这样朋友越了解你，就会越疏远你。

3. 不要把谈话的落脚点放在对方生疏或是不懂的话题上。

想要听从、采纳朋友的意见就要首先拿出你的诚意，不要专挑那些你所熟悉或是专业的话题，而对方却不懂或是没有兴趣，这样会打消朋友说话的积极性，会让朋友觉得和你没有共同语言，没有共同爱好，从而觉得你过于喜欢卖弄，或是觉得你是在有意使他难堪。

4. 尊重朋友还要体现在耐心地听取朋友的发言，不要随意从中间岔开或转开话题。

在朋友说话时，如果你有意打断他们的话，就会让对方产生不满或怀疑的心理。他们要么会认为你讨厌、反感这类话题；或者认为你理解不了他们的意识，水平太低，不识时务；或者认为你没有修养，不懂得尊重朋友。这样，你们双方就很难建立起亲密的朋友关系。

5. 如果是多个朋友在一起谈论一个话题，不要只关注哪一个人，而要照顾到每一个人。

虽然这么做很有难度，但是也很有必要。虽然在和三人以上的多人交谈时，大家难免会七嘴八舌地发表自己的想法，如果你总是表现的很明显去力挺哪一个人的话，就会让其他人感到被冷落，不被重视，从而让他们产生嫉妒心理，甚至是攀比心理，这样就不利于多人朋友关系的加深。最好是一个话题唤起大家的兴趣，令众人都发表见解。

6. 和朋友共同探讨一个话题，最忌讳针锋相对，如果大家有意见分歧的地方最好绕开它，求同存异，不要委曲求全，更不要把自己的观点强加于人。

不可避免，几个朋友的谈论很难达到高度的统一，谈论中出现一些分歧也是正常的。在这种情况下，你所要做的不是脱颖而出，力压群芳，让大家都听从你的建议。要知道屈人口易，服人心难。而应该避开分歧点，遵循求同存异的原则，彼此尊重。

10. 过头饭好吃，过头话难听
——过分的话，不要说

马云曾经说过："那些在私底下忠告我们、指出我们错误的人，才是真正的朋友。"但是作为真正的朋友也要明白："说话周到比雄辩好，措辞适当比恭维好。"一个对朋友说话总是不知深浅的人是得不到朋友的喜爱的，只有懂得哪些话该说哪些话不该说的人才最受朋友的欢迎和喜爱。

唐太宗李世民曾经说过："以铜为鉴，可正衣冠；以古为鉴，可知兴替；以人为鉴，可明得失。"也正因为人们在与朋友的相处中发现，只有敢于向自己直言不讳的朋友，才可以一针见血地指出自己的不足，从而为自己的发展寻找到新的突破点。于是他们开始对那些说话不拘小节的朋友们趋之若鹜。而且越来越多的人开始接受了这样的论断：敌人的笑脸能伤人，朋友的责难是友爱。

但是，或许人们也曾听到过这样一句话："说话周到比雄辩好，措辞适当比恭维好。"要知道无论到任何时候，也不管我们是出于什么目的向朋友表明自己的观点或是向他们提出质疑时都不可太过分，因为过分的语言会伤害到朋友的感情，即使朋友知道我们这么说是好意的，但是太过分的语言依然是他们所不能接受的。

章纪元和邱志波是一对无话不谈的好朋友，两个人平时特别喜欢在一起练习打篮球。有一个星期天的早上两人相约去打球，由于章纪元早上家里有点事所以要晚来一会儿，邱志波就一个人先到了市里的开放篮球场，本来他只是一个人在默默地练习投篮，可是没过多长时间篮球场上就多出了很多人。

其中有一群年轻小伙子，于是邱志波就自告奋勇地加入了他们，由于资格老、身体壮，所以，邱志波在他们当中球技算是佼佼者。正当他们玩得高兴时，章纪元也到了篮球场，一见邱志波那么春风得意，章纪元就走上前去调侃道："真是阎王不在，小鬼成精了，就你那水平还敢在人家面前秀呀？"正玩得高兴的邱志波听他这么一说心里多少有些不舒服，可是想想大家都是朋友没必要跟他计较，于是就叫他一块过来打。

谁知章纪元接过球后又来了一句："阎王来了，小鬼自然要让位了。"而且还一边说，一边洋洋自得的冲一帮小伙子们笑，邱志波突然觉得他的笑这么扎眼，而且那些小伙子们也跟着笑，于是邱志波就不服气地说："谁说我球技不如你呀，不信咱们来个公平的较量。""好呀，这里有这么多证人！"章纪元不以为意地回答说。

于是，邱志波就带着情绪跟章纪元干上了，章纪元见邱志波这么认真，自己也就重视起这场比赛了，结果在比赛中由于邱志波在抢球的时候撞倒了章纪元，大家不欢而散。从那以后，两个人再也没在一起打球。

通过分析我们不难看出，章纪元和邱志波之间的这场意外纯粹是因为章纪元在和朋友邱志波说话的时候言辞太过分引起的，试想作为两个旗鼓相当的朋友，在那么多小辈们面前，章纪元一点都不给邱志波面子，还把他比作"小鬼"，这一切都是让邱志波不爽的因素，也是邱志波撞倒章纪元的直接原因，所以无论多么亲密的朋友，也不管是在多么不重要的场合我们都要时刻照顾到朋友的面子，在开口之前先想想，是否有不妥之处，是否会伤害到朋友的感情。如果不加考虑话说得太过分，这样只会害人害己。

当然如果我们不小心说出了一些过分或是不恰当的话伤害了朋友的感情，那么此时我们首先要做的就是想法补救，如果方法得当就可以缓解气氛，也不会加重朋友的不满和气愤。

　　费新我先生在参加朋友的一次酒会时应邀为朋友写一幅字，于是他就借着酒劲写了一首孟浩然的《过故人庄》，可是写完以后，定睛一看，他在写"开窗面场圃，把酒话桑麻"时漏掉了一个"话"字，于是在场的许多人开始窃窃私语："费老喝多了点酒，也会酒后失言呀！"于是费老灵机一动，拍拍脑袋连声说："酒后失话，酒后失话！"接着就在诗尾用小字补写了"酒后失话"这几个字，再一看诗文情趣盎然，朋友们忙拍手叫绝。

　　在上述这个特定的场合，如果费老先生没能及时想出补救自己错误的方法，想必结果一定会很令人遗憾。所以当我们不慎说错话或是做错事时应尽量在较短的时间内想出补救的方法。如果我们没有费老先生那样的智慧，那么我们就得管好自己的嘴，不要不讲分寸地出言伤人，如果实在不知道该说什么，那就不要说，要知道有些话不说没关系，说出来就可能惹出一些事来。

第七章

能做会说有人爱，只做不说太木讷

　　每个女人都有一颗七窍玲珑心，她们天生娇气、敏感、多疑、脆弱、多情，一个不懂女人心思的男人，怎么能赢得女人的芳心，抱得美人归呢？一个只懂得为女人付出真情而不懂得怎么去讨好女人的男人，虽然最后有可能获得爱情女神的垂青，但是那些能说会道的男人则更容易获得女人的关爱。

1. 女人是属蜜蜂的

——甜言蜜语，要多说

在恋爱中，无论一个女人多么矜持，她始终都是属蜜蜂的。不管她们嘴上怎么说爱说甜言蜜语的男人不可靠、不可信，可是她们就好这一口。所以作为男人，在追求女孩的过程中不要甘心做一个默默等待女人垂青的痴情男，而应该主动向女人发出糖衣炮弹。

女人天生就是感性的动物，虽然女人在心里都知道那些嘴上抹了蜜一样的男人的话大多都不能信以为真，但是她们自己却常常都会栽到这样的人手里。究其原因，多半还是因为女人耳根子软听不得男人的甜言蜜语和肉麻的话，虽然女人总是一边骂男人耍贫嘴，然而内心却是欢喜得要命。这就是女人，明知道男人的甜言蜜语都是裹着华丽的外表的炮弹，可是自己却心甘情愿地被打中，天天都想听到男人的甜言蜜语，而且无论到什么时候都听不腻。

男人的甜言蜜语可以让女人感觉到自己的魅力，她们都希望成为恋爱中的宝贝，都希望成为男人的心头肉，可是有些男人却总是不懂得女人的心，对自己的甜言蜜语惜字如金，好像说出了这些话自己都会感到恶心。殊不知，不管多优秀的男人，想要俘虏女人的心，就要先俘虏女人的耳朵，多说些甜言蜜语。

而对男人来讲，说这种话或许会让某些男人有失尊严、有失身份，但是为了自己所爱的人，男人把自己放在癞蛤蟆的位置上又何妨？要知道大丈夫能屈能伸，自古英雄难过美人关，如果你不能拿出癞蛤蟆的勇气和坚持，你怎能靠甜言蜜语吃到天鹅肉呢？

两年前，赵俊杰和他拍拖一年多的女朋友小丽因为各种各样的原因而要闹分手，可是两个人其实都是深爱着对方的。就在分手当天，当小丽收拾好东西准备打包走人时，赵俊杰却为了赌气没有去哄她一把，任由她去。

当小丽人走楼空以后，赵俊杰突然觉得自己的心如同被她给掏空了、带走了，他开始不知所措，甚至有点慌神了。于是他就打电话给一个哥们问自己该怎么办，哥们让他赶紧追她回来，哄哄她说点甜言蜜语感动她，可是小丽的手机关机了，任凭赵俊杰怎么打电话、发信息都没有回复，赵俊杰几乎要绝望了。

后来小丽还是没有冷酷到底，开了机，赵俊杰打通电话以后没有说狡辩的话，而是深情地唱了一首《离别的车站》："当你走上离别的车站，我终于不停的呼唤呼唤……眼看你的车子越走越远，我的心一片凌乱凌乱，千言万语还来不及说，我的泪早已泛滥泛滥……何时列车能够把你带回，我在这儿痴痴的盼……你身在何方我不管不管……请为我保重千万！千万！"赵俊杰唱这首歌时只是想告知小丽自己现在的心情，并没有想到小丽会回心转意，谁知一曲之后，小丽竟然被感动得声泪俱下，在电话里哭得稀里哗啦。

结果没等赵俊杰跑出去找她，小丽就挂了电话，半个小时之后竟然拿来行李又出现在了他们的小屋门口，两个人深情地拥抱在了一起。

看到了小丽前后两种截然不同的表现或许你会发笑，女人怎么就这么好搞定呢？没办法女人天生嗜甜，而赵俊杰这首既深情又够甜蜜的歌正好打动了小丽的心，于是小丽就不顾一切地又跑了回来。

因此，作为男人如果你真的爱一个女人就请你多对她说些甜言蜜语，多说一些海誓山盟，因为女人就喜欢听这些话，否则她就会认为你不够关心她，不够爱她，最后你还可能因此而失去她。

所以当你的女朋友可能会因为对自己不自信而去试探地问你，她是不是够漂亮，身材够不够好的时候，你所要做的不是告诉她真相，而是让她知道，她在你心里永远是最漂亮、最迷人的，只有这样女人才能得到一些心理安慰，才会坚定不移地深爱你。

然而，甜言蜜语到底要说多久呢？男人们或许会因为时间久了而厌烦或是对甜言蜜语失去了兴趣，但是女人不会，无论到任何时候，男人的甜言蜜语都是治疗女人感情创伤的最好的灵丹妙药，所以男人，不要以为自己已经追上她了，就不再对她说那些话了，只要你想自己的女友、妻子永远地深爱自己，那么就把你的甜言蜜语持续一辈子吧，这样你的幸福也会持续一辈子。

2. 挑剔会扼杀爱情
——宽容女人的话，深情地说

有人说我们无法掌控缘分却可以挑选爱人。的确，在爱的国度里，每个人都有选择爱人的权利，但是过度地挑剔只会扼杀爱情。所以男人选择了一个女人就要宽容她身上的某些缺陷和缺点，要懂得深情地宽慰她，让她知道正是因为她是她，所以你才爱她。

我们不能否定每个人都会有一定的缺陷，可是一个人正是因为他的缺陷和长处，人们才可以把他和别人区别开来，如果大家都千篇一律一个样，那么个性要通过什么才能体现呢？所以作为男人要懂得接受世界上任何人的不足，包括女人。

然而世界上的女人千姿百态，各人有各人的特长和缺陷，有的女人身材高大，不够有女人味；有的女人心眼很小，容不得别人；有的女人爱唠叨；有的女人爱逛街；有的女人爱养小动物；有的女人爱打扮自己；有的女人不爱做家务等等。她们都是活生生地存在于世界上的女人，如果你想苛刻、挑剔地寻找一个具备各种优点和魅力的女人，那么你的生命和时间还有幸福就会在你偏执的挑剔里悄悄地溜走……

因为身材高大的女人做起事来更高效；心眼小的女人更爱吃醋、更关心你；爱唠叨的女人没有心理疾病；爱逛街的女人更懂得时尚；爱养小动物的女人更有爱心；爱打扮自己的女人更漂亮；不做家务的女人更懂得享受生活……

无疑每个女人都有自己的优点和缺点，但是缺陷和优点都影响不了女人的美丽，因为这个世界并不缺少美，而是缺少能够发现美丽的眼睛。女人的美丽在于别人用什么样的眼神去审视她们，用什么样的心态去欣赏她们。而不在于她们的体重、身高、打扮和审美本身。

刘心洁的男朋友是一个特别爱干净的男孩，虽然他也很爱刘心洁，但是却常常挑剔刘心洁洗衣服洗得不够干净，宿舍的被子叠得不够整齐，衣服放得到处都是，为此刘心洁自己也很苦恼，可是除此之外，刘心洁还真找不出男朋友哪里对自己不好。

他嫌弃刘心洁的衣服洗得不干净就主动帮她再洗一遍，挑剔她被子叠不好，有时就帮她叠，衣服帮她收拾，为此刘心洁还时常会感到幸福，不过在男朋友说她的时候，她心里还真的不太好受。

有一次，同宿舍一个姐妹的老乡顾伟过来看她，见到了刘心洁床铺上的摆设，觉得很有居家的感觉，就夸刘心洁以后一定会是一个贤妻良母。当时刘心洁只当他是在开玩笑，可是后来一想自己还挺开心，女孩的多虑让她联系到，难道顾伟就是她传说中的可以成为"红颜知己"的人吗？最初产生这个想法的时候刘心洁也觉得自己不可理喻。

可是后来，顾伟常常找机会接近她时，刘心洁才发现可能顾伟真的很喜欢自己，而且他更懂得欣赏自己，他从来不会挑剔她的毛病，而且还懂得夸赞她。

于是刘心洁对顾伟越来越有好感，最后产生了和现任男朋友分手的想法。

由此可以看出，女人同样也需要男人的宽容，需要男人的赞美，而不是男人的挑剔和苛刻，虽然刘心洁的男友对她也特别的用心、体贴，但是他不懂得欣赏自己的女朋友，总是苛刻地挑剔刘心洁的毛病，以至于把刘心洁最终推到了顾伟的身边。

所以说男人不要总是盯着女人的某些不足不放，更不要用苛刻的要求来做女人的行为规范，更不要挑剔女人的不足，这些都会引起女人的反感，女人要的是一个懂得宽容自己，懂得欣赏自己和懂得发现自己的魅力的男人。

因此当你的女朋友再忐忑不安地问你："你觉得我胖吗？"

你不妨深情地回答说："宝贝，我找的不是模特，没有必要非有模特的身材，我觉得你这样更有生活气息，更贴近生活、更真实，我爱的就是这样的你，你很美。"

如果你的女朋友听到你这样的话一定会兴奋地在你的脸上香上一吻。因为女人想要的就是一个能够完全接受自己的男人，不是一个为自己挑毛病的男人，更不是一个用他的观点改造自己的男人。

因此，如果一个男人深爱一个女人，那么他首先就要学会宽容她、欣赏她，还要懂得深情地肯定她的一切，只有这样男人才可以更好地抓住女人的心。

3. 男人是泥做的，女人是水做的
——关爱女人的话，疼爱地说

女人天生温柔多情，她们不仅多愁善感而且非常敏感，在男人听来是一句无关紧要的话，可是在女人听来就会无端地生出很多是非来。所以在恋爱中，关爱女人的话，男人一定要懂得疼爱怜惜地说，才能抚慰女人敏感的心。

女人的心天生就是纤细而敏感的。她们无需别人提醒或是暗示，只需要看到、触到或是听到一些可能会触动人们感情或是心弦的事物，她们就会敏感地为之动情。而一旦女人的某根敏感的神经被触动，那么隐藏在她们心里的其他情愫就会一下子全部被激发出来，最终表现为女人一串又一串擦不干的眼泪。

生为天生不敏感的男人，在面对女人莫名其妙的心理变化时，总是会显得很笨拙，他们不能理解女人的多情、敏感和柔弱，于是他们把女人的眼泪理解为弱者的象征，然而事实上女人的眼泪真的是弱者的象征吗？

从前有一小男孩，总是不理解自己的母亲为什么爱哭，于是他就跑去问妈妈，妈妈告诉他："因为我是个女人啊。"他摇了摇头不能明白妈妈的意思，于是，他就跑去问爸爸："为什么母亲常常无缘无故地哭？""女人的哭常常都没有什么理由。"父亲告诉他说。

父亲的回答更是让小男孩不能理解。后来小男孩长大了，成

为一名真正的男子汉，可是他仍然不明白为什么女人总是爱哭。

最后，男孩决定问问上帝，于是他就拨通了上帝的手机，问道："无所不知的上帝呀，你能告诉我女人为什么动不动就哭吗？"

上帝回答说："我造女人的时候就是为了让她与众不同。我赋予了她坚强的肩膀，让她足以承受整个世界；我赋予了她似水柔情，让她能够带给别人快慰；我赋予了她力量，让她可以忍受分娩的痛苦；我赋予了她耐心，让她在被所有人放弃的时候，依然可以坚定地独自前行，让她能够忍受病痛、劳累、照顾家人，却从不抱怨；我赋予了她坚忍，使她能够在任何情形下，即使被深深伤害了，也永不放弃对孩子的爱；我赋予了她能力，让她能帮助丈夫走出失败，她由丈夫的肋骨作成，却保护着丈夫的心；我赋予了她智慧，让她心无旁骛站立在丈夫身旁；最后，我赋予了她眼泪，以供她需要时使用。这是女人独有的。"

虽然这则寓言故事中女人的特性不可能在一个女人身上全部找到，但是，在每个女人身上都可以找到其中的一两个特性，其中有一个特性是所有的女人都具有的，那就是"护着丈夫的心"。而在恋爱的时候女人就已经开始试探着拿出自己的一颗心来护着男朋友，只是女人不能确切，恋爱中的男友是否会成为她最终的丈夫，所以女人才会对男朋友更加敏感，若即若离，想要靠近又怕靠错了人，所以在女人拿不定主意的时候就会暗自伤神、掉眼泪。

针对女人的这一特点，作为男朋友，男人一定要学会打消女人在这方面的顾虑，对女人关心的话一定要疼爱地说，只有这样女人才会毫无顾虑地把你当成自己未来的丈夫，才会拿出自己全身心的爱来守护你。

丘小曼和朱尚昆是一对热恋中的情人，虽然小曼有时也能像其他女人一样感到很幸福很满足，可是她一直都觉得朱尚昆对自己不够怜惜。

　　有一次过情人节，朱尚昆奢侈地买了一大束花送到了丘小曼的公司楼下，羡慕得小曼的同事们都夸她命好。可是下班以后，这么大的一束花要怎么拿呢？小曼要自己抱着，朱尚昆看着她幸福的样子就同意了。在情人节收到这么大一束花的确很有面子，很能满足女孩子的虚荣心。

　　于是两个人就往回走，可是这束花太沉了，少说也有三四斤，小曼抱着花越走越累。本来她家离公司不远就三站地，可是为了方便，他们那天选择了走路回家，没坐公车。所以平时看似很近的路程不知怎的就变得好远好远。

　　看着怀里这么多花，小曼不时地给朱尚昆使眼色，谁知朱尚昆以为她挑剔花不够新鲜呢，于是就说："这些花都是不错的了，今天的玫瑰都很贵，这些花花了我半个月的工资呢。"听了他的话，小曼的脸开始晴转多云了，心想："原来他是在心疼他的钱，不知道这么大一束花拿着很累人吗？木讷！"

　　见小曼没说话，朱尚昆继续说："为了买这些花我可是跑了好几个花店才订到的。"听了他的话，这回小曼的脸阴了下来，心想："你买花是不容易，费心了，可是你买花是为了让我高兴，可不是让我受累呀，我现在胳膊酸死了，你就不能帮我拿会吗？"

　　见小曼还是没说话，朱尚昆继续说："抱着这么一大束花很高兴吧，咱们要不要在外面多转一会儿，满足一下你的虚荣心呀？"听了这话，小曼的眼泪都要掉下来了，朱尚昆一看小曼不高兴了，就傻眼了，"不是吧，你都感动哭了？呵呵！"这下小曼更生气了，抹着眼泪跑开了。

　　其实，在恋爱中，女人要的是男人对自己的疼爱和怜惜，不是男人愿意为她花钱，愿意为她受苦、受累。朱尚昆就是因为没懂得这一点才花钱出力，还惹哭了小曼。

　　而恋爱中女人的眼泪多半是女人更爱男人的表现，一个爱你的女人才会对你感到失望，才会不满足你对她的爱，一个不爱你的女人不会莫名其妙地为你流眼泪。小曼就是因为爱朱尚昆才渴望得到他的怜惜，而朱尚昆的木讷和不够怜惜、疼爱她的话正是惹哭小曼的元凶。

所以当你的女人在你面前流泪时，不要责怪她、不要训斥她，更不要冷落她、不管她，因为这时的女人更需要安慰，更需要你的疼惜和关爱，你可以不去说一些肉麻的话，但是语气里一定要能透漏出你的关爱，因为这是对女人最大的安慰。

4. 长相知才能不相疑，不相疑才能长相知
——不确定的话，也要信任地说

爱情是两个人的灵魂碰撞之后产生的感情，所以作为婚姻的前奏和基础，爱情需要相互信任。只有信任，相爱的两个人才可以在爱的国度毫无顾忌地爱对方和被对方爱。所以男人在信任女友的同时，更要懂得用信任的口气来询问自己不确定的事情，不要用怀疑刺伤她的心。

信任是爱情的基础，相爱的两个人之间只有信任才不会无端地生出一些没有必要的顾虑和多疑，爱情之花也只有信任的浇灌才可以健康、无污染、不生虫地开放。

生活中或许我们总能看到一些恋人为了表示自己对对方的在乎，天天监视或是控制对方行踪，有时翻看对方手机，查看对方聊天记录，或是打电话查岗等等，这些都是对对方不信任的表现。

虽然有些人认为自己这么做都是为了守护爱情，但你可知道，你这样不信任你的爱人，是对他人格上的一种侮辱。而且你所做的这些还会给你爱的人带来一些不便和麻烦，甚至你的怀疑和猜忌有时还可能伤害到他的自尊。所以说缺乏信任的爱情就如同海市蜃楼，即使表象再美丽也不过是过眼云烟，随时可能消失。

所以男人在恋爱时一定要给足女友信任，要知道是你的终究跑不掉，不是你的任凭你喊破嗓子对方都不一定会回头看你一眼。要知道有时爱情就像被抓在手里的一把沙子，你抓得越紧，越不希望沙子漏掉，沙子反而会漏的更快。当你稍微松点手时，沙子反而会漏得慢，甚至不会再漏了。

其实恋人间的感情也是如此，当双方都给对方一定的信任，一定的自由空间时，爱情就会牢牢地呆在你的手心里。而你抓得越紧，想要离恋人更近，爱情反而溜走得更快。再坚贞的感情有时都经不起猜疑和拷问。所以如果你在没有搞清楚一件事情的真相时，不要随便怀疑自己的恋人，更不要用置疑的口吻向他们发问，这样会让他们觉得自己的感情不被尊重，人格受到了挑战。

刘玉如和男朋友丁志强这几天正在闹分手，不为别的，就因为丁志强怀疑女朋友刘玉如和别的男孩发生了感情。

事情的起因是这样的。上个星期天的下午，刘玉如正在家上网，丁志强刚好没上班就过来看她。由于刘玉如家刚好有两台电脑，一个台式机，一个笔记本。于是丁志强就打开了台式机准备上 QQ 和好朋友们聊聊天。

登上了自己的号以后，丁志强就问刘玉如用不用帮她挂号升级，以前他总是喜欢帮刘玉如挂号的。这次刘玉如却回答说："啊？不用了，我自己今天已经挂了两个小时了，你登自己的就行了。"刘玉如的语言和有点紧张的神色让丁志强感觉很奇怪，于是他就偷偷地登陆了刘玉如的号，结果密码错误。

这下更加深了丁志强的怀疑，于是就问玉如："怎么你的号换密码了也不告诉我一声呀，是不是有什么事瞒着我呀？"从丁志强的口中刘玉如听出了他的怀疑和不高兴，于是就笑着说：

"我对你还能有什么秘密呢？明天把密码告诉你还不行吗？""为什么要等到明天呢？现在不能告诉我吗？"刘玉如被丁志强问得一时语塞，只是羞涩地笑了一下。"你肯定有什么事瞒着我，是不是聊上哪个帅哥了？你在网恋？跟谁？我对你不好吗？你怎么能这样呢？你这样对得起我吗？"丁志强一时情绪激动了起来，没听玉如的解释就蹦出了一连串的质问。

"你想看是吧，给你看吧，跟你哥们的聊天。"刘玉如被丁志强一连串的发问问得也有点生气了。结果打开她的QQ一看，聊天记录都是一些她问丁志强的哥们关于丁志强的事儿。这下丁志强明白了，刘玉如是想更好地了解自己，可是又不好意思直接问自己，于是就去问他的朋友们，看来是他误会了刘玉如。

丁志强赶忙向她道歉，可是刘玉如却生气地说："难道你觉得我就这么容易变心吗？你对我也太不信任了吧！要是你以后还这么多疑，那我岂不是都不能和别的男人说话了吗？我还有自己的自由和秘密吗？真受不了你！"

在上述事例中，刘玉如和丁志强的关系就是因为丁志强的不信任、多疑和猜忌而进入了僵局。如果丁志强在怀疑刘玉如的时候，不是冲动地发出一连串的质疑，而是用信任的口吻询问，坚信她始终如一地爱着自己，那么这段争吵估计就不会发生了。在日后听到朋友们谈及他女朋友的事，还会让丁志强倍感幸福和温暖。

所以说猜疑是爱情的杀手，男人在恋爱过程中一定不要犯这样的错误，要知道女人比你们更在意彼此的感情。此外如果一个男人的女友真的移情别恋了，真诚的接纳和关怀，还有可能换回她们的回心转意，而置疑和兴师问罪只会加速她们离开这个男人的速度，让他们的爱情之树死得更快，更没有可以挽回的余地。

5. 漂亮女人微笑时，男人的钱包会流泪
——接受女人要求的话，大方地说

在恋爱的过程中，女人会向男人提出这样或那样的要求，很多男人因囊中羞涩只好拒绝，这就会让女人怀疑一个连金钱都不愿意为自己付出的男人怎么可能会对自己真心实意呢？所以说，男人就是钱包瘪瘪的，在接受女人的要求时都要大方地说，因为女人未必真的会要你为了给她买一支玫瑰而砸锅卖铁。

有人说恋爱就是个无底洞，你花多少钱都有可能，因为女人总是很享受收到礼物和惊喜的那种感觉，更享受别的女人羡慕的眼光。所以当漂亮的女人微笑时，肯定会有一个男人的钱包在流泪。

或许有些女人在恋爱时让男人花的钱的确有些无厘头，但是男人为女人花钱是否有必要呢？这是一个直到现在都值得探讨的问题。

首先，爱情需要经济基础。所以男人在女人面前尽量不要装穷，更不要对她提出的要求表示不能完成，而应该慷慨激昂地告诉她，虽然自己现在满足不了她的要求，但是自己会努力满足她的要求，要告知她只要有了她的爱，你可以为她奉献一切。

虽然不能否定有一些女人和男人交往就是为了男人的钱，可是更多的女人和男人交往是在谈感情，是在谈情说爱，不是谈钱说爱。所以男人就应该抓住女人重情的特点，投机取巧地在口头上满足女人的要求和心灵上

的渴求。其实女人想让男人为自己花钱，而这些钱一般换来的也只不过是一种被男人宠爱的感觉。

所以，男人为女人花钱是很必要的，也是必须的。适当地为女人花些钱可以给心爱的女人带来物质享受，还可以向女人展示出你言出必行的魅力，让她们知道你是不会欺骗她们的。对于自己现在不能满足的要求也要慷慨地答应，但是在答应的同时一定要加上一个期限，让她知道你会为她而努力，满足她被男人珍视的虚荣心。

其次，似乎没有女人不喜欢男人为她们花钱，女人仿佛都有一个共同的嗜好，那就是相互展示、炫耀男友为她们买的礼物。似乎女人的价值只能通过男人为自己花的钱的数目来衡量。事实上，每个女人都希望被男人疼爱，更多的时候她们在乎的并不是金钱本身的价值，而在那些可以计算得清的金钱背后的那种无法计算的真情。

所以如果你足够爱她，就慷慨地答应她的一切要求，不必担心你的承诺无法兑现会惹怒她们。你尽可以说要为她到天上摘星星，你尽可以没边没沿地承诺给她买跑车、别墅，只要你们是真心相爱的，这些话在女人听来都是你的爱，不是非要你去做的事。

张琳琳有一次与男友一起逛商店的时候，看见了一条很漂亮的裙子，男朋友看出了她特别喜欢这条裙子，就说："琳琳，这条裙子很适合你，要不要试试，如果合适的话，我买来送给你，就当我们认识一周年我送给你的礼物好不好？"张琳琳听了男友的话心里美滋滋的，店里的导购也美慕地说："小姐，你男朋友真细心，你们认识一周年的日子他都时刻放在心上！"张琳琳听了店员的夸赞更是高兴得很，不过她仔细一看，那条裙子竟然卖480，又一想，男友早就想买一双新鞋子，但是由于他自己看好的鞋子太贵了就一直没买。于是张琳琳就说："这裙子确实很漂亮，可是我觉得可能不适合我，我们还是先看看别的吧。"

最后，两个人逛了一下午只买了一条一百多的裙子，不过张琳琳也一样很高兴，看着男友深情地注视着自己穿上新买来的裙子，琳琳仿佛都能看得见未来的幸福。

所以，女人的本性都是心疼自己的男人的。一个真正想要嫁给你的女人，一定不会强你所难，非要让你饿着肚子给她买玫瑰花的。她们最想要的不过是被宠爱的感觉。所以，男人应该尽自己的最大可能满足女人这方面的要求。她们的要求即使是自己力不能及的，也要在语言上答应她，不要让她面子上感到为难。当然如果她也是真心爱你的，那么她也就会仅仅满足于你口头上的承诺，不会真的去为难你的。

更何况真正的爱情是建立在相互了解、相互理解、相互尊重和相互支撑的基础上的。在爱情当中不仅男人要宽容、豁达、感情专一，而且女人也要善解人意、温柔体贴，只有男女双方都能明白对方的心，都能善待对方，并抱有有福同享、有难同当的想法，爱情的终点才可能是幸福美满的婚姻。否则，女人如果只是为了男人的钱，那么她最后获得的可能就只是钱，而输掉了幸福。

所以，在恋爱时男人为了女人应该尽量地表现出自己的慷慨大度，不要吝啬在女人身上花钱，更不要吝惜对女人的慷慨许诺，要知道一个真正爱你的女人要的也只是你的这些慷慨的话，而不是为了掏空你的钱包。

6. 男人不一定时刻都坚强
——讨好女人的话，娇气地说

古人云："弱胜强，柔克刚。"作为男人同样可以像女人一样选择以柔克刚的战术对待爱情。所以在爱情里，男人没有必要时刻都装出一副百毒不侵的样子，男人也可以适当地向女人撒娇、讨好，这样的男人会更讨女人喜欢，因为男人的撒娇更能激起女人母性的温柔。

自古以来，人们都一直把撒娇看做是女人的天性，大家总认为女人可以不漂亮，可以无才识，但是女人必须会撒娇。在女人看来撒娇是讨得男子欢心的必杀技。但是人们却很少把撒娇和男人联系到一起。一个爱撒娇的男人会让人另眼相看，甚至嗤之以鼻，还有人觉得男人撒娇是件荒唐至极的事，爱撒娇的男人让人觉得不可理喻，甚至深恶痛绝，所以男人就养成了对撒娇惟恐避之不及的习惯。

然而事实上，撒娇不是女人的专利，谁说男人就不能撒娇呢？谁说铮铮铁汉时刻都要保持勇猛顽强。所以天王刘德华就开始带领广大男同胞扯破了嗓子大声喊："男人，哭吧哭吧不是罪！"这其实就是一种撒娇。因此，无论男人以坚强刚烈的性格出现，还是以温柔地伏在女人的肩头或是腿上的面目示人，他们同样还是男人。

只不过，这时的男人更多了几分孩子气，多了几分温柔，更容易勾起女人的母性，让女人更舍不得去责怪他们。所以在爱情当中，如果男人偶尔做错了事，让女人伤心了，不妨在讨好女人的时候，撒撒娇。

有人说一百个人的爱情有五十种恋爱的方式。的确，爱的模式没有对错，在恋爱中女人可以做小鸟依人状，男人照样也不必时刻坚强。而且男人滑稽可笑的撒娇有时还可以让女人破涕为笑。因为男人孩子气的撒娇更容易勾起女人对孩子的幻想，从而可以引发女人的温柔和母性。此外，男人的撒娇还可以带给女人一种居高临下的感觉，从而更容易让女人宽恕男人，关爱男人。

徐曼丽和男朋友张少峰两个人的感情一直很好，从大学到工作。两个人都谈了五六年恋爱了却很少吵嘴，原因就是因为徐曼丽的男友张少峰是一个特别懂得向女人撒娇的男人，有时他的三言两语就可以让徐曼丽怒气全消。

有一次，张少峰锁上家门没拔钥匙就去上班了，刚巧徐曼丽有事找他，到他的住处看到钥匙在门上，徐曼丽就气不打一处来，幸亏她及时发现了才没有酿成大错。由于担心男友忘带了钥匙打不开办公桌的抽屉，于是徐曼丽就拔出了钥匙急忙去找他。当然以徐曼丽的个性送钥匙只是个借口，她还想臭骂张少峰一顿，看他以后还会不会这么粗心大意了。

结果，张少峰还没到公司就发现忘了带钥匙，于是就回来找钥匙。恰巧两个人就在半路相遇了。一见面徐曼丽就忍不住唠叨起来，还一个劲地责怪张少峰太粗心，惹得过路人不时地朝他们看去。可是张少峰一点都不难为情，他一边听徐曼丽唠叨，一边像个犯了错儿的孩子一样摆弄着钥匙，见徐曼丽也快消气了，他就抬起头笑嘻嘻地说："曼丽，你真是我的福星呀，我真是不能没有你呀，没有你我连锁门这样的小事都做不好。"听他这么一哼唧徐曼丽的怒气也消了，更没有责怪他的意思了。最后徐曼丽只是关心了他几句话，再也没有就此纠缠，就这样一场恋人间的小风波有惊无险地过去了。

其实，有时男人适当地撒撒娇更有利于恋人间化解矛盾、增进感情，就像张少峰那样低调的撒娇，反而让徐曼丽觉得他更加可爱，更加需要关怀。相反如果面对徐曼丽的唠叨张少峰不是选择撒娇而是选择不耐烦地反驳或是强制压制的话，那么一定会惹怒徐曼丽。如果事实是那样的，最后少不了一场吵闹，两个人的感情也会因此受到影响。

所以说会撒娇、爱撒娇的男人并不一定就是生活或事业上的失败者，相反，他们还可能成为生活和事业上的成功者，因为他们懂得在各种生活和事业的重担下，如何巧妙地化解恋人间的矛盾，他们更懂得如何讨女孩子欢心，因而他们可以从女人那里获得更多的关爱和抚慰。

有人说稳定的感情生活是男人事业的基石，在这个竞争日益残酷的世界上，男人有太多的事情要去处理，有太多的梦想需要实现，如果在和最亲密的人在一起的时候，男人还要像在工作场合一样保持着精神紧绷的状态，那么男人能够忍受多久这样的压抑呢？

所以当男人在自己心爱的女人面前时，不妨暂时忘却工作上的一切不快，好好地、彻底地放松一下自我，在自己的女人面前尽情地撒娇，尽情地向她们索求关爱和温柔，只有这样男人才能得到全身心的放松，才可以以更加充沛的精力去面对社会竞争。

男人们，如果可以，就尽情地撒撒娇吧！不要认为女人会把你的这种撒娇看做没男人样，要知道即使她们这么说，心里还是喜欢得不得了。因为你的撒娇会被女人看做是一种讨好，她们只好积极地表现出自己的慷慨、大度、宽容和慈爱，绝对不会对你耳提面命，更不会对你横眉怒眼。

7. 女人是男人的运气，男人是女人的命运
——对女人许诺的话，郑重地说

有人说，婚姻是女人的第二次投胎。从这句话中我们不难看出一个女人下半生能否幸福的度过，主要的赌注就押在男人身上。男人作为女人眼中的福星，在向女人许诺幸福时，一定要郑重，这样女人才会死心塌地地跟着你。

俗话说的，嫁鸡随鸡，嫁狗随狗。虽然这句话有些束缚女性自由发展的味道，但是在每个女人的潜意识里都有这么一种嫁君随君的思想，在女人看来结婚之前父母是自己的天和地，结了婚丈夫就是自己的全部。

而在男人的意识里，遇到好女人是他们的运气，有个可心的老婆自己下半辈子就可以有一个温暖幸福的家；遇到一个不可理喻的女人顶多算自己倒霉，还要去外面找个情人寻求心灵上的归属感。

从这两种不平等的潜意识来看，女人则把自己更多的精力、感情都放在了男人身上，而男人对女人的依赖性却相对要小很多，所以当男人遇到一个愿意嫁给自己的女人，就应该拿出自己的真情，全心全意地去爱她。爱她还不够，男人更要懂得向女人郑重地许诺，郑重地告诉她，你一定能够带给她幸福和快乐，不要让她在忐忑不安中生活。

要知道，对一个女人来说，嫁给他就意味着无论他贫穷还是富有，疾病还是健康，都要永远地追随他，直到生命的尽头，这需要一种多大的信任和坚定的信念呢？

章晓华是一个还没有打定主意嫁给谁的花季少女，有一次在

和一位客户聊天时发现，她那位已经是某公司的区域经理的女客户，在谈到自己的理想时竟然说她的理想就是回四川老家，在乡下买一处宅院，养鸡种菜。另晓华不解的是她这这位客户是湖南人为什么要去四川老家，一问才知道这位客户的老公是四川人。

听到那么一位女强人那么自然地把自己的老公家当成自己的老家，章晓华有些惊讶，她突然发现原来一个女人的未来就在男人手里，于是她就更加慎重地去找男朋友了。

是呀，一个女人出嫁以后，在娘家人眼里就是嫁出去的女儿泼出去的水，哪怕是现在这种意识逐渐淡薄的情况下，女人嫁出去以后，依然不再是娘家的人了。虽然那些女人出嫁后必须更改成丈夫姓氏的做法有些过分、老套，可是这些都能活生生地展现一个男人将带给女人的是什么。

隔壁的大妈的女儿嫁给一个南方的小伙子，之后就把户口也迁走了。大妈常常抱怨说自己命很苦，好不容易养了个女儿，就这么被人家拐到大南边去了。任凭邻居们怎么安慰，都很难打消大妈的悲伤。有一次大妈的老伴实在被她吵得没办法于是就反问她说："你死了一样是埋进我们家祖坟，还能埋到你们家祖坟呀？"一句话问得大妈无言以对，从此也不再抱怨了。

这就是女人的命运，嫁出去了，生是男人家的人，死是男人家的鬼，就连尸体都要埋到男人家的祖坟里去。所以说嫁给了男人，丈夫就是女人一生的归宿。所以女人在把自己的一生都交到一个男人手上时一般都会慎重、慎重、再慎重，只要是一个没有为爱情失去理智的女人在挑选男朋友的时候都不会不顾未来，草草出嫁。

所以像现在这样，女人结婚就要男人买房子的现象越来越热。其实还是有很大原因的，而且也是可以理解的。女人不过是想通过让男人买房，来给自己的未来一个保证。所以男人在面对女人的这种要求时，不要认为女人不可理喻，更不要认为女人强人所难，因为你对她来说就是未来，她这么做只不过是想给自己未来的幸福上一道保险，一点都不过分。

相反，面对女人这样的要求，如果你真的很难满足她，那么你也要郑重地向女人许下承诺。你郑重的态度对她们来说就是你去努力实现你的承诺的可能性，如果你不够郑重，那就说明你兑现诺言的可能性小，相反就大，所以男人这时的郑重不仅必要而且必须。你的郑重不仅能换了女人的安心，还可以帮你追到心仪的女孩。

所以当你的女朋友对你们的爱情没有信心时，你一定要肯定地做出一些保证，你可以诚恳坚定地表达出自己的爱，可以真情地向她表白，也可以向她发誓能够给她一个幸福的未来，不要让她在嫁和不嫁的犹豫中摇摆不定。

8. 忠诚是爱情的桥梁，欺诈是友谊的敌人
——女人怀疑的事，毫不隐瞒地说

忠诚是爱情的桥梁，在恋爱中只有两个人相互拿出各自的忠诚，对方才可以无所顾忌地走向你。一个总是用欺骗来获得别人感情的人，早晚会被人识破。所以男人在爱情中一定要拿出一颗忠诚的心来对待爱人，对爱人不解的事情更要毫不隐瞒地告诉她。

以前常常会在小说或是电影里，看到一对恋人一旦其中的一方又与别人发生了感情，那么爱情就会走到尽头，相爱的两个人也会一个往东走，一个往西走了。现实生活中，这样的事情也是很常见的。

爱情是排他的，一旦恋爱中的一方对另一方表现出了不忠诚，那么一段爱情可能就会走到终点，因为对爱人的忠诚是对爱人的最起码的尊重，如果彼此不再尊重了，感情还会长存吗？所以在爱情里的两个人都应该首先对彼此忠诚。

　　因为在爱情里，忠诚的全部价值是在没有了社会、宗教或是道德的限定后，忠诚依然可以成为一个人的决定。在现实生活中，人们或许会因为敬畏神、法律、邻人的目光而选择向对方忠诚，而真正的忠诚是摆脱一切束缚和限制之后一个人的本能的选择，这才是爱情所需要的忠诚。

　　这样的忠诚可以保证两个相爱的人不会因为时间、距离、空间、行为约束而背叛彼此，它是维系两个人的爱情的桥梁。恋人之间有了这样的忠诚，爱情才能天长地久。

　　冯静静是一个温柔娴熟的女子，到了婚嫁的年龄追求她的男孩子都能围着她家的大院绕几圈了，可是和她接触过的男孩子都会热情突然冷却，然后无声无息地离开。原来，冯静静是一个认为爱情必须要忠诚的人。所以在和适龄的男子交往之前，她都提出同一个要求，那就是彼此告知一个自己认为可能会对不起自己未来爱人的事情。这个要求在很多男孩看来已经够过分了，让男孩们更寒心的是，冯静静告知给他们的事情就是，自己在上初中时竟然被人非礼过，这对很多男孩来说都是不能接受的。所以，追求的男孩来了一拨就走掉一拨，留下来的人几乎没了。

　　于是就有人劝她，何必这么较真呢？自己以前的丑事就不要告诉对方了，而且知道对方的丑事还会让自己心存芥蒂，还不如睁一只眼闭一只眼，不去理会这些事的好，可是冯静静一直都坚持自己对爱情的忠诚，所以到26岁她还没能找到合适的对象。

　　去年冯静静遇到了她的真命天子——赵小龙，他不仅不觉冯静静的要求过分，而且还很同情冯静静的遭遇。他认为冯静静以后一定可以成为一个很好的贤妻良母，因为她对爱人是忠诚的，赵小龙喜欢的就是她的这个特点。于是大浪淘沙之后，冯静静找到了她一生的归宿。

　　可是物欲横流的现代社会，爱情的忠诚被铜臭淹没了。男人为了金钱、房子、车子、女人，忘记了唯有忠诚才是维系爱情的桥梁。于是有人愿意为了金钱违背自己真实的感受，不顾人们诧异的目光，用尽了吃奶的劲巴结讨好富人家的女儿、小姐，为此他们不惜篡改自己的过去，抛弃曾经的恋人。

黄伟峰在高中毕业时谈了一个女朋友名叫鲁娟娟，由于两个人是同学又是同乡，所以感情一直都算很不错，后来黄伟峰高中毕业后就参加工作了，鲁娟娟在邻市上大学，所以两个人见面的机会就少了很多。

工作以后，黄伟峰开始认识到现实的残酷，他知道自己的工作来之不易，是父亲找人托关系好不容易才找到的，其他刚毕业的大学生挤破了头都很难进入他的单位，有时他也会想，在这个大学生一抓一大把的情况下，以后娟娟毕业了能找一个什么样的工作呢？想想他就头疼，后来单位调来了一位美女，听说是一位部长的千金，于是，黄伟峰就幻想自己是否能够近水楼台先得月，可是他自己又不确信部长的千金是否会看上自己，于是他就瞒着娟娟开始秘密追求部长千金。

后来娟娟好像听到了什么风声就跑回来问他是不是想移情别恋，黄伟峰一口否认了。听了他的回答娟娟向他提出了分手，原来部长千金的男朋友是娟娟的学哥。事情被拆穿以后，黄伟峰也没脸再纠缠娟娟，当然部长的千金也没看上他，黄伟峰最终成了孤家寡人。

的确一个对爱情不忠诚的人，无论和谁谈情说爱都得不到对方的尊重，更得不到对方的真情。因为无论男女爱情里都是渴望对方忠诚的，一个可以隐瞒自己以前女友的男人，谁会相信他不会欺骗未来的女友呢？

所以，男人想要在爱情里大获丰收、抱得美人归，就必须对对方保持忠诚。即使你做了可能会让女人生气或是伤心的事，在女人问起时，你也要毫不隐瞒地告诉她实情。要知道一个爱你的女人对你是有一定的宽容的。男人都会做错事，懂得承认错误和改正错误的男人往往能够得到女人的谅解。

9. 舌头变成刀子，就会割破嘴唇
——对女人发脾气的话，最好不说

曹雪芹在《红楼梦》中提出女人是水做的，男人是泥做的。的确女人虽然天生爱流泪还发脾气，可是女人同样也是最怕别人发脾气的一类人。特别是她们的男友或是老公对她们发脾气更是一个女人无法忍受的事情，所以男人，爱一个女人就尽量不要对她发脾气。

每个人都可能会有心情不好的时候，男人也不例外，而且据一些学者研究每个成年男子都有一个感情周期，也就是说男人的情绪在一个月之内也会呈现出有规律的变化，每个月男人也会有那么几天心情不好的时候，这些时候是男人最爱发脾气的时候。

虽然从生理方面来分析，男人的情绪周期和女人的生理周期一样是不能改变的客观存在，但是，这并不能成为男人向女人发脾气的借口。在自己心情不好的时候男人最好不要迁怒于女人，要知道每一个女人天生都是用来爱的，所以身为男人发脾气的话最好不要向女人说。因为女人和男人相比感情更加脆弱。

在人的一生中，男人和女人会有两种截然不同的人生规划和选择，男人大多以事业为重，虽然有很多很重感情的男子把为女人营造幸福作为自己的终身目的，但是他们一生所做的事和把事业作为终身奋斗的人没有太多的区别，都是为了利益奋斗。可是女人不一样，在女人的一生中，事业是一个女人赖以生存的基础，而感情却决定了一个女人一生的基调。而女人想要的理想的感情也主要通过男人来获得。

找一个什么样的男朋友对女人来说起着至关重要的作用，甚至有人说："结婚是女人的第二次投胎。"而我要说，恋爱就是女人第二次为自己选择"父母"。选得好，女人就有人疼、有人爱，可以过上幸福美满的生活；选得不好那么女人的下半生也就只能在痛苦中度过。

虽然离婚已经成了一种很普遍的社会现象，但是一个想要结婚的女人首先就是不愿离婚的，因为幸福是在自己所爱的那个人身上能够得到满足，那么她们只能被迫再做一次选择，而在第二次的婚姻中，很多女人都会对爱情绝望，而她们的第二任丈夫不过是她们寻找的一个生活伴侣罢了。

所以，男朋友对女人来说是她们对爱情的所有寄托，女人所有关于爱情的理想都要通过男朋友来实现，所以有很多女人在失去了男朋友以后会寻死觅活，甚至失去对人生的兴趣，因此男人在恋爱过程中应该尽量照顾到女人的感情，不要对女人说那些绝情的、狠心的话，更不要动不动就对女人发脾气，要知道你的两句不好听的话，伤害到的可能就是一个女人对爱情的全部希望。

刘晨曦和黄雅莉是一对令人羡慕的情侣。他们一个英俊潇洒，一个温柔大方，平时刘晨曦对黄雅莉更是关爱有加，为此黄雅莉常常为自己找到了这样一个男朋友而感到庆幸，所以每当听到女友被她们的男朋友欺负的时候，她总是很难理解她们的痛苦，直到有一天这种事情发生在了自己身上。

有一次，两个人约好十一长假去邻省玩，由于黄雅莉的工作不太忙，还时常可以到公司外面透透气，于是，买火车票的重任就落到了她头上，排了好几天队票终于买到了。可是到了出发的那一天，两个都收拾好行李出发了她突然不记得火车票放到哪里了。

火车不等人，离发车时间越来越近了，于是刘晨曦就急了说道:"你看看你,就让你买个票,你就把事情搞成这样?""都买了好几天了,再说了我又不是故意的,你怎么能怨我呢?"黄雅莉半撒娇地说。"哎,看来以后什么事都不能靠你。"刘晨曦嘟囔着开始抱怨,黄雅莉也开始认真地思考票到底放哪了,结果想了半天还是没想到。刘晨曦是个急性子的人,于是就不耐烦地说:"看样子是去不了了,算了不去了!""再让我想想!""谁说不让你想了,等车开了你再想起了还有用吗?""我又不是故意的,你怎么这么跟我说话呢?""我怎么跟你说话了?这么大的人了连一点小事都做不好,找你这样的女朋友有什么用?"两个人就这么你一嘴我一嘴地争吵了起来。

当黄雅莉听到刘晨曦说"找你这样的女朋友有什么用?"时,再也按捺不住心中的气愤了,委屈地大声哭了出来,她开始怀疑刘晨曦是否真的爱她,她怀疑刘晨曦找她这样的女朋友是为了什么,她开始怀疑他们的爱是否纯粹,她开始怀疑世间有没有没有功利的爱情……

从那以后,每当她想接受刘晨曦的关爱时她就会不自主地去想,我这么全身心地投入到他的怀抱,到最后他会全身心地对我好吗?我这么全心全意地对他好他会带给我想要的幸福吗?我不是他的天使,也不是他的心肝宝贝,他只不过把我当做一个感情的寄托。爱情?在这个世界上真的存在吗?

爱情真的存在吗?这个问题要谁来回答呢?就是因为刘晨曦对黄雅莉发的一次脾气,黄雅莉的内心就由以前幸福甜蜜变成了现在犹豫不决又患得患失。女人就是心思细腻的动物。再多的关爱对她们来说都不算多,开始一次的伤害就能引发她们无限的感慨和伤感。

所以男人对女人发脾气的话最好不要说,因为说过的话可以消失,可以被人忘记,但是它留在女人心里的伤害永远都抹不去,它带给女人的怀疑和猜测更是阻碍女人毫无顾忌地去爱一个人的荆棘。

当然女人也有心情不好的时候，可能因为女人的三两句唠叨或是抱怨惹烦了男人，但是，女人对男人的抱怨多半是出于对男人的爱，而且在女人心情不好时最需要的就是男人的爱。所以，当一个女人在抱怨时，作为爱她的男人就任她抱怨好了，对她发脾气是男人制止女人唠叨和抱怨的最愚蠢的方法。

10. 拒绝你，是因为我关爱你
——拒绝女人的话，含蓄地说

有人说被爱是一种幸福，而我要说被爱未必都会幸福，勉强的爱只会给人带来更多的负担。作为男人，如果你真的不爱那个深爱你的女人，那么请含蓄地告诉她，世界上有一种爱叫做成全，还有一种爱叫做放手。

爱一个人是没有错的，每个人都有爱别人的权利和不爱别人的权利。有时候能够被另外一个没有任何血缘关系的女人深爱，对男人来说也是一种莫大的幸福，可是如果这个被爱的男人真的不爱这个女人，那么拒绝她是对她的另一种关爱。

因为爱是双方的共鸣。一旦有一方不要去爱或是不要去接受对方的爱，那么这样的爱就不叫爱情了，而应该叫纠缠不清更恰当。因为爱是以让对方幸福和快乐为目的的，如果一方的爱只能带给对方痛苦、不安和麻烦，那么这种爱就不够资格称为爱，而抱有这种感情的人在对方的眼里就会显得更自私、更偏执、更霸道。爱是勉强不来的，强扭的瓜不甜，对女人来说与其去爱一个不爱自己的男人，不如去接受一个爱自己的男人。

话虽这么说，但是女人天生就是感性的动物，没有感情的婚姻对她们来说就是爱情的坟墓，所以她们宁可为了自己想要的爱情孤注一掷也不会就此心甘情愿地选择退出，对付这种痴情的女人，男人应该采取委婉地拒绝，因为委婉可以让女人得到一丝安慰，那就是她爱的那个男人不讨厌她。但是，即使如此，男人也要像她们表达清楚自己的意思，拒绝的话就要达到拒绝的目的，委婉只是拒绝的方式，并不能妨碍最终的结果。

崔晓虎和王志娟是大学时代的同学，由于大家都比较熟悉，所以两个人之间的感情说不清是友情，还是同窗情或者是类似爱情的感情。大学毕业后，在遇到了很多人以后，王志娟开始觉得还是和老同学崔晓虎在一起的时候比较轻松自在，渐渐地她就开始怀疑自己是不是很早以前就喜欢上了崔晓虎，只是自己一直没有察觉罢了。直到有一天，有一种被叫做"醋意"的情愫在自己的内心里升腾起来的时候，王志娟才知道自己其实一直都在默默地爱着崔晓虎，可是崔晓虎却一直以来都把王志娟看做是自己最好的老同学，所以毕业没多久他就看上了自己的一个同事。

有一次，王志娟在逛街的时候无意中发现了崔晓虎和一个漂亮的女孩子手牵着手，有说有笑的，王志娟心里突然有一种特别懊恼、嫉妒又羡慕的复杂感情。这种感情是典型的吃醋，发现自己竟然嫉妒别的女孩和崔晓虎牵手时，王志娟很害怕，不知道自己该怎么办。

后来在一次无意的谈话中，崔晓虎透露了自己对那个女孩的爱慕。于是王志娟觉得自己应该为自己心中的爱大胆一次，最后她决定找机会向崔晓虎透露一下自己对他的感情，最初崔晓虎还以为她是在开玩笑，于是就说："不是吧，就算你要说我优秀也不必以身相许呀，老同学！"看到崔晓虎不以为意的样子，听到他调侃的语言，王志娟突然有一种想哭的冲动，她很后悔自己没能近水楼台先得月。

看到王志娟这样，崔晓虎才认识到她不是在开玩笑，可是自己的女朋友刚追到手，如果让她知道了自己又跟王志娟不清不楚的，万一女朋友生气不理自己了怎么办？于是崔晓虎很认真地对王志娟说："你在我心里永远都是好同学，我们之间没有关于叫做爱情的东西，就让我们把这件事忘了吧。"听到崔晓虎这么斩钉截铁的拒绝，王志娟觉得非常没有面子，于是就哭着跑开了。为了不再遇到那个让自己伤心的人，后来王志娟去了另外一个城市再也没有和崔晓虎联系。认识她的人都知道，她还是一直不能释怀对崔晓虎的爱。

爱勉强不来，但是男人拒绝女人也要方法恰当，拒绝女人的话更应说得委婉体贴，因为女人是一种感情动物，失去自己的真爱会让女人绝望甚至怀恨终身。像崔晓虎这样赤裸裸地拒绝了王志娟，不仅让王志娟怀恨了他半辈子，自己也因此失去了一个好同学、好朋友，真是得不偿失，如果他能换种拒绝的方式，或许结果就不会是这样了。所以，男人在拒绝女人的时候一定要委婉、含蓄地说，既要照顾到女人的面子，又要照顾到女人的感情，因此男人在拒绝女人时应该注意以下几点：

（1）不要通过赞美自己的女朋友或是爱人来让别的女人知难而退。

虽然这也是一种婉约的拒绝方式，但是这样会伤害到爱你的女人的自尊心，还有可能激起她争强好胜的心理，或是毁灭心理，这样含蓄的拒绝方式不可取。

（2）赞美她，为她描绘更光明的未来不失为一种选择。

虽然得不到自己想要的人，能得到他的赞美和肯定对女人来说也是一种安慰，所以，男人在含蓄地拒绝女人时不妨采取一下这种方法。

（3）果断但不要绝情地谢绝她的美意。

一个女人在得不到男人共鸣的时候，敢于向自己心仪的男人表白自己内心的感受，本身她就已经克服了极大的心理障碍。一旦她的这种在自己

　　看来用女人的尊严和颜面换来的表白遭到断然的拒绝，她就会痛不欲生，有的人甚至还会采取极端的手段，用以平衡自己内心的创伤。

　　所以男人在拒绝她们的时候，虽然需要通过运用一些手段来告知她们自己的态度，但是言语一定要十分小心，不能表现得太过绝情，否则你的一两句话就可以断送一个女人对爱情的期待，对人生的希望。

第八章

能做会说才幸福，只做不说要孤独

在我们的日常生活中，夫妻之间，婆媳之间，亲子之间，都需要彼此真诚相待，真心真意地去为对方付出。同时，彼此间的交流和沟通异常重要，没有沟通，就没有理解，没有理解，就会缺少宽容，没有宽容，就会降低爱的质量，爱的质量降低了，生活就不会幸福。在家庭生活中仅凭一双手只能"孤芳自赏"，而不能让家庭的花园"百花盛开"。所以，我们需要手口并重，巧妙地将二者结合，才能在家庭生活中得心应手、游刃有余、生活幸福。

1. 婚姻中的战争没有胜利者
——夫妻间的矛盾，和气地说

夫妻之间，"以和为贵"，然而，夫妻长期生活在一起，"勺子没有不碰锅沿的"，两人总会出现相互摩擦和顶撞的时候。那么，出现了这种"不和谐音符"，该怎么处理呢？有的夫妻能很快把它转变为"一曲美妙的乐章"，而有的夫妻则只会把它升级为"噪音"。

海明威说："你可以打倒我，但你永远征服不了我。"夫妻之间的"战争"根本没有输赢胜负之分，孰是孰非更是分不清楚、弄不明白。懂得了吵架的语言艺术，夫妻关系就能越吵越亲，爱情的纽带也将随之越来越紧。有很多夫妻几乎天天吵架，而他们之间却从未出现过大的裂痕，这是为什么呢？原因很简单，就是由于他们懂得并掌握了"战争"和"讲和"的艺术。

某单位的李总在单位里是一副大老板的派头，但在家里可是个有名的"妻管严"。有一次，李总与秘书刘琳聊天，李总说："在这里我就是'皇上'。"刘琳问："那在家里呢？"李总笑道："我当然也是'皇上'啦。"

李总的小女儿在一旁听见了，回家后告诉了妈妈。

等李总回家后，妻子脸色阴沉沉地问他："'万岁爷'回来啦？听说你要做家里的'皇上'，是吗？""你是皇后！"李总讪讪地说。"你是什么意思？"妻子问。李总又嘿嘿一笑："老婆，你是'垂帘听政'的皇后呀！"李总的妻子本来想大发雷霆，但听了李总这句话，"咯咯"一笑说："这话还差不多！"

李总的话非常讲究语言艺术，把一场没有硝烟的"战争"用几个幽默的玩笑词语巧妙地化解了，不但拐弯抹角地说明了自己的家长地位，而且抬高了妻子的权威。一场"舌战"更增添了家庭其乐融融的气氛。

如果夫妻双方在"战争"中不懂得把握说话的态度和语言的选择，"战后"双方又不能正确地运用巧妙的语言战术来"讲和"，那么，势必导致夫妻双方僵持不下，这种"对峙"或"冷战"有可能使夫妻的感情日益淡漠、疏远，甚至可能导致两者的"亲密关系"土崩瓦解。

王红和大伟就是这样一对夫妻。有一次，二人又为琐事吵了起来。

王红："我叫你上班时替我带洗衣粉回来，一个星期了还是没带，是得了健忘症吧？"

大伟："我的皮鞋开了底，叫你拿去修一修，你为什么置之不理，还有脸说我！"

王红："你的皮鞋你自己拿去修不行吗，你自己没长手和脚啊？我每天都忙得要死。"

大伟："哟，昨天搭了一天的'长城'算忙吗？"

王红："打麻将是一种休息和娱乐方式，你有权控制我的自由吗？再说，你哪天不去和那些'狐朋狗友'鬼混哪？还有脸说我！"

大伟："行，你好样的！你每天就他妈'垒长城'吧，老子不过了，你明天就给我滚出去！"

王红："没什么了不起的，我今天就走，姑奶奶没了你难道还不活了？"说罢，王红气呼呼地走了。大伟冲着她声嘶力竭地喊道："滚吧，以后别他妈回来了！"

后来，这对小夫妻由于谁都不肯服输和主动认错，就离婚了。

夫妻间这样不择语言地反唇相讥、怒骂，甚至动不动就拿威胁性的语言，譬如"离婚"当做要挟，结果可想而知，事情不但得不到解决，反而越扯越远，彼此的情绪越来越糟，导致恶性循环，最终只会酿成"破裂"的悲剧。所以，夫妻争吵，一定要注意语言和语气，吵架后一定要心平气和地反思自己，不管谁错谁对，争取主动向对方说声"对不起"，做到相互体恤和谅解，使夫妻关系重归于好。

还有一点，夫妻之间出现了争执，任何一方都要务必把握好"诚实"这一至关重要的准则，夫妻之间切忌欺骗和谎言。

孔林出差到河南郑州，这正是他妻子的老家，妻子在临行前嘱托他去看望一下老妈妈，但是因为疏忽大意，孔林却给忘记了。

回来以后，妻子问孔林："顺便去家里看了看妈没有，她好吗？"孔林说："我去了，但没看成，家里没人，听说妈去乡下串亲戚去了。"妻子不相信，问道："真的？"孔林有些恼火，说："你不相信我？"妻子说："妈刚才还打电话来问你去了郑州没有，我说去了，正准备去看您呢。"孔林听后，顿时红了脸，哑口无言……

很明显，孔林脸红，是因为说了谎话的缘故，他想欺骗妻子，蒙混过关。虽然这只是件小事，可能不会造成夫妻间太大的裂痕，但是，作为夫妻，彼此之间一定要真诚相待，语言的真实性在夫妻之间非常重要。

所以，关于夫妻"战争"，一定要注意把握以下几点：

首先，不管为了什么事争吵，只能就事论事，不能无限扩大，乱扣帽子，更不能无端的横加罪名。绝对不能侮辱对方的人格，更不能讥笑他天生的缺陷和中伤他的亲友。

其次，注意说话的分寸。恶语伤人是最大忌讳，造成的心灵创伤很难平复。尤其是不能把话说绝，一定要留有余地，"滚蛋，永远不要回来了！"或者"离婚"之类的话千万不要轻易说出口。

再者，不管孰对孰错，夫妻双方尤其是男方，一定要学会主动承认错误和道歉，一句"对不起"，于己于他没有任何损伤，能使夫妻双方感情更加亲密，何乐不为？

最后，切忌动手。吵架时，人的情绪往往都很激动，但是决不能动手打人，否则后果将难以收拾。

夫妻的争吵绝对没有赢家，最多是两败俱伤。作为夫妻，贵在相互理解和沟通，要学会"换位思考"，多站在对方的角度，设身处地的为对方想一想。争吵有时候是一种增进感情的催化剂，可以让夫妻双方的感情越吵越亲，但重要的是把握好"度"和"战争艺术"，这关乎到战争的结局。

2. 夫妻没有隔夜仇

——请求原谅的话，温柔地说

夫妻日夜相守，难免红红脸、闹闹别扭，这没什么，"天上下雨地上流，两口子打架不记仇"，那么，吵嘴之后应该何去何从？是"对峙冷战"还是尽快"讲和"？"讲和"往往是多数夫妻的选择。那么，如何"讲和"？"讲和"如何启齿呢？这是一门生活的艺术。

美国婚姻专家 Andrew Marshall 表示，要想维系婚姻幸福，其中有一个非常重要和关键的秘诀：夫妻双方都要自发地学会道歉。有研究表明，每发生一件负面的事情，你需要用五件积极的事情才能消除其产生的阴影。因此，当某种不愉快在你和你的爱人之间发生以后，诚恳地说声"对不起"是非常必要而且有意义的。"对不起"是幸福、美满婚姻的"增稠剂"。"对不起"其实谁都会说，但何时说、怎么说才能收到预期的甚至事半功倍的效果呢？下面，我们来看看这则小故事。

霓虹闪烁，夜色阑珊，有微风轻轻地吹，给人一种舒适惬意之感。

姜月涵走在街头，却感到无限的孤独、寂寞。这样的时刻，最适合挽着他的手，闲庭信步在晚风中。但那个可恶的冤家，却一连4天都没有跟她说过一句话，连电话也不曾打过一个。4天了，姜月涵已经在外面吃了4天的牛肉面，那曾经最爱的牛肉、辣椒味道如今也变得乏味恶心起来。可是又能怎样呢？回去，只能面对一张冷漠的脸，以及各行其是的尴尬，即使同睡在一张床上，亦是背对背、脸背脸、一副井水不犯河水的样子。

其实说起来也没什么大事，就是为了那天在商场里买一条羊毛毯，他想要灰色的，但姜月涵偏偏选中蓝色，争执中姜月涵的声音大了些，语气也重了些，他就说她在大庭广众面前没给自己留面子，便拂袖而去。

起初姜月涵是很气很恼的，毕竟自己是女人，男人迁就女人是天经地义的，可他不仅没有怜香惜玉让着她，反而还跟她斤斤计较，也太没有男子汉的胸襟与气度了吧。所以最初两天，姜月涵也冷了心、黑了脸，进进出出只当没他似的，吃饭、洗澡、睡觉……都是一个人——如果他不妥协，姜月涵坚决不打算向他低头。

但姜月涵到底是个性急的人。到了第三天，姜月涵便有些坚持不住了，夫妻吵架是再正常不过的事情，本来也是为鸡毛蒜皮的小事，也不是涉及到什么原则性的大问题，却闹到两个人僵持冷战的程度，是不是有些过了头呢？

姜月涵想向他偃旗息鼓表示友好，但她又是要自尊、要面子的人，她怕自己的主动认错会助长他的霸气，也怕自己会落个自讨没趣的下场，所以，早上出门时，姜月涵本来想跟他说点什么的，但看着他一副木然冷冰冰的样子，姜月涵也只好退却了——他的倔，姜月涵是知道的。

怎么才能向他传递自己的友好而又显得不丢面子呢？怎样才可以不动声色让他微笑着接受自己呢？

姜月涵一边思忖一边走，路边，有人在热火朝天地叫卖着糖炒板栗，姜月涵想起，这是他最爱吃的零食，不如买一些回去，或许……

推开门，温馨的灯光扑面而来，姜月涵一下子觉得心里暖暖的。再看他，已然坐在了沙发上，正聚精会神地看着足球赛。

见姜月涵进来，他只抬了抬头，又自顾自地看球赛了。姜月涵不由一阵气恼，想生气又不能，只轻轻地走过去，把糖炒板栗放在了他跟前。他显然没想到姜月涵会这样做，不由得微微一愣，却没说话。姜月涵心里一紧："这冤家，还真是金口难开啊！"

姜月涵知道他其实已经心软了，只不过碍于面子不想先开口而已。姜月涵也不作声，走到卧室，给他发了条短信："医生说，板栗冷了再吃会胃胀的。"姜月涵心想，自己已经做出了让步，他再笨，也不会不知道自己的心思吧。果然，他回了短信："最多我不吃还不行吗？"一句话，几乎令姜月涵晕倒。

不过，他既回了短信，就说明他有言和的意思，看他现在一副正襟危坐、冷冰冰的样子，姜月涵不禁笑了，她打包票，过一会儿他一定会热情澎湃、情意绵绵。

姜月涵拿了那件透明蕾丝花边睡衣，一边哼着歌，一边把浴室里的水放得"哗哗"响。等她如出水芙蓉般出来，又穿着那件令人心旌摇曳的睡衣，倒茶，喝水，拿唱片……故意在他面前走来走去时，姜月涵注意到，他已经无心看电视了，已经好几次拿眼睛偷偷瞄自己了。姜月涵知道，他很快就要举手投降了……

果然，他一把抱住姜月涵，温柔地像个小孩子："亲爱的，我向你投降了……"

在这个故事中，无疑是姜月涵在行动上先采取了主动，她采取的主动不仅有语言上的关怀，更重要的是行动上的呵护，并且她运用丈夫的饮食嗜好和生活习惯作为突破口，做得恰到好处，而丈夫也懂得"识时务"，顺势低下了"高贵的头"。这小两口，非常成功地打开了夫妻之间冷战的僵局。

小两口大吵大闹之后，双方都摆出一副"誓不低头"的架势，谁都不肯服输，迈出求和的第一步，这样的冷战，恐怕是夫妻之间最头疼的事情，如果"冷战持续不解冻"，会让夫妻关系越来越远，感情越来越生疏。那么，该如何打破僵局，让夫妻冰释前嫌、和好如初呢？不妨跟故事中的姜月涵学一学。

"对不起"可以直接了当地说出来，也可以用温柔含蓄的方式表达或做出来，比如给对方一句温暖的问候或关怀；如果碍于情面说不出来，可以借助书面语言，比如：书信、手机短信、QQ 留言、E－mail 等等多种方式；还有不妨考虑用身体语言或实际行动来打破这种僵局，比如给他（她）买或做他（她）最喜欢吃的菜、零食，轻轻地拉一拉或碰一碰他的手等等，一般都会收到不错的效果。

不管是直接说"对不起"，还是用实际行动表达歉意，都要抱着一颗真诚无二的心，让对方体会到你的诚意；作为夫妻的另一方，也要适时地收起矜持或冷漠，给予道歉方一个原谅和温暖的笑脸。当然，重修旧好之后，夫妻双方千万别忘记把已经发生的不愉快拿到桌子上开诚公布地好好谈一谈，找到问题症结所在，以避免日后再发生类似的争执。

请谨记：说"对不起"虽然不等同于爱；但爱，绝对离不开说"对不起"。

3. 婚姻是两个人来之不易的结晶，要讲究夫妻相处的艺术

——关于离婚的话，冷静一段时间再说

俗语说："夫妻一条心，黄土变成金。"家庭，是夫妻双方共同的结晶，没有任何一方，都不能称之为完美的家庭。夫妻双方在生活中必须相互体谅、相互扶持，"心往一处想，劲往一处使"，不能同床异梦，自己顾自己，否则家就不再是温馨的港湾，而只是个"围墙"或"活坟墓"。

"男人的一半是女人，女人的一半是男人"。没有男人的女人与没有女人的男人都是不完整的半个球体，只有两个半球体合二为一才能快乐地向前滚动。夫妻关系是世界上最亲密的关系，两个独立的个体如何结合成一个和谐的整体，夫妻之间怎样营造温馨的、其乐融融的家庭，这可是一门复杂的生活艺术。

洪斌是一家电脑公司的职员，刘阳是一所中学的语文老师。两人在一次朋友聚会上相识，相互产生好感，不久，就成为了一对恋人。洪斌高大英俊，刘阳活泼可爱，朋友们都觉得他们是天生的一对。经过一年如胶似漆般的恋爱，终于在 1996 年春天，两人手挽着手走上了红地毯。

婚后一段日子里，小两口过得十分甜蜜。不久，刘阳就怀孕了。在两人共同的期盼中，1997 年 5 月小宝宝出生了。初为人父、人母的洪斌、刘阳虽然感到快乐、兴奋，但是，原本恬静、

安逸的生活也被搅得一团糟。因两人均是外地人，得不到双方老人的照顾，只得请了一个保姆。这样，使原本已经加重的经济负担变得有些不堪重负。双方为了经济上的问题开始拌嘴，再加上女儿的啼哭吵闹，家里随处可见的尿布、奶瓶，刘阳的性格也一天比一天郁闷、暴躁，经常会为了一些小事与洪斌纠缠、吵闹。开始，洪斌还会与刘阳争辩，后来由于洪斌公司效益不好，面临倒闭，洪斌为了另觅职业，整日在外奔波，回到家时已疲惫不堪，也就懒得与刘阳吵。于是，两人由争吵转为冷战。这一冷战断断续续持续了一年多。这一年多的时间里，洪斌忙于工作，刘阳则既要带孩子、做家务，又要上班，生活已经把她变成一个整日愁眉苦脸、不再讲究生活情趣，并且又很会唠叨的小妇人。

日子就这样在无奈中一天天地过去。不久，在一次应酬中，洪斌认识了一个大学毕业不久的女孩王美。王美的气质很像以前的刘阳，洪斌马上被她吸引住了。开始，洪斌还能尽量克制自己，但随着交往的日渐加深，终于有了越轨的第一步。从此那个曾经给洪斌、刘阳带来过美梦与幻想的家对洪斌不再有吸引力。作为妻子的刘阳虽早有察觉，但因她始终还是深爱着洪斌，一直尽力迁就着。直到有一天洪斌的一纸离婚诉状递到她面前，她才意识到事态的严重性。

在法院开庭审理的过程中，法官也看出洪斌的内疚，但在庭审中，洪斌始终还是坚持要离婚。休庭后，刘阳一再地找到法官，痛苦地表示，无论如何，她也不会同意离婚。法官一方面安慰她，另一方面又指出在生活中，作为妻子的她问题究竟出在哪儿，刘阳听后频频点头，表示以后她一定会注意。接着法官又动员了双方共同的亲朋好友做洪斌的工作。此外，法官还出面与"第三者"王美进行了一次长谈。毕竟王美是一个受过高等教育并且也还明事理的女孩，首先从这一三角关系中抽身而出。不久洪斌就来法院，表示要撤诉。半年后，法官偶尔在街上遇到洪斌一家三口，洪斌不好意思地告诉法官：现在他们一家很和睦，当初幸好没有离成。

夫妻之间的感情是维系婚姻关系的重要纽带。洪斌和刘阳的结合是以美好的爱情为基础的，按道理说应该很牢固，但是婚后，由于双方都不太注重夫妻相处的艺术，使婚姻生活暗淡无光，毫无生机。而且面对经济的压力，双方都没有及时给予对方鼓励和相互沟通，导致了洪斌因为觉得婚姻生活索然无味而出轨。双方面对重重矛盾并没有及时调整自己和重塑婚姻的艺术，致使婚姻亮起了红灯。但毕竟两个人能走到一起不容易，离婚只是下下之策，他们经过一段时期的冷静和调整，最终重新走到了一起。婚姻出现问题很正常，但一定不能草率地就离婚，要找出问题的症结所在，对症下药，挽救一桩婚姻得来的幸福比重新组织另一段婚姻要更加牢固。

那么，夫妻之间，究竟该如何相处呢？何为婚姻的艺术呢？

1. 彼此欣赏：努力让自己被对方欣赏；努力去欣赏对方。

欣赏是花，爱情是果。对自己的爱人，不要羞于或吝啬表达你的爱和赞美。如果时常在适当的场合、适当的时机，用适当的表情、语言或其他方式告诉你的宝贝"我爱你"，这三个字可以抵过一箩筐礼物。欣赏则是对对方的一种肯定和赞美，会让对方产生一种愉悦感，欣赏是夫妻双方共同的心理需要，这是夫妻相处艺术的最大秘诀。

2. "和而不同"。

纪伯伦说："在合一之中，要有间隙。"琴弦虽在同一的音调中颤动，但每根弦都是独立存在的，这样才能奏出美妙的乐曲。夫妻双方也是一样，彼此是独立的个体，婚姻是一个"和而不同"的整体，夫妻双方切莫偏执地认为"你是我的"或"我是你的"，否则会使爱巢变成禁锢双方的监牢。如果我们期望彼此的"爱情之树"常青，就要学会悉心去培植和呵护。"爱情之树"是彼此独立又紧密相连的两棵树，在婚姻的"土壤"里，应各自把自己调整到一定适度的空间，既相连相守，又要彼此独处，让两棵树自然地生长，收获幸福的果实。

3. 彼此尊重。

《圣经》上说："要想别人怎样对你，你就要怎样去对待别人。"要想使你的婚姻稳固，最重要的一条是学会尊重，只有懂得尊重对方，才能得到对方的尊重，不仅要尊重对方，更要紧的是爱屋及乌，尊重对方的父母、兄弟姐妹以及亲朋好友。

4. 彼此珍惜。

佛说："前世的五百次回眸才换得今生的擦肩而过。"在茫茫尘世中，我们与自己的另一半相遇了，这是最大的缘分，我们绝对没有理由不珍惜这份缘。我们不能像看电视、听广播一样对待自己的婚姻，腻了、烦了、不高兴了就转换频道。

5. 彼此宽容。

爱情的最高境界是宽容。好的婚姻不仅仅意味着夫与妻的互相谦让、彼此迁就，而且意味着理想与现实的互相妥协。家是一个讲情的"港湾"，不是一个讲理的"衙门"。一位哲人说："结婚前要睁大你的双眼，结婚后就要闭上一只眼睛。"难道不是吗？每个人都不可能十全十美，毫无瑕疵。如果你真爱一个人，就应该爱真实而全面的他（她），就要包容他（她）的一切。宽容，不但可以让彼此快乐，更能让婚姻幸福。

4. 家庭是两个人的整体，克服自我意识
——夫妻共同的家事，商量着说

在社交艺术中，"沉默是金"是一条金科玉律，但在家庭中，特别是夫妻之间，绝对不能"沉默是金"。家是夫妻两个人共同的舞台，需要彼此配合与协作，才能唱响这曲《夫妻双双把家还》。

在家庭中，夫妻双方是地位平等的，妻子不是丈夫的寄生虫，丈夫也不是妻子的牛马。家庭是双方分工合作的统一体，各有所长，互敬互补，家庭才能和谐持久。夫妻之间，重在交流与沟通，尤其是涉及到夫妻共同的家事，任何一方切不可自以为是，自作主张，单独行事，一定要和对方切磋、商量，以防疏漏，求的圆满。否则，会出现很多不必要的麻烦或纠纷。

有一对夫妻，在报纸上看到一个拍卖广告，都对其中的一个作品很满意，他们都下决心买下来，可是他们谁都没有和对方说过这样愿望。拍卖那天，会场上人山人海，他们分头进入会场。在几次举手投标叫价后，最后，妻子以高五倍的价钱买到这个作品。散场时，妻子才发现，那个竞争对手，竟然是她自己的丈夫。结果回去后，他们大吵了一架……

想想这对夫妻，因为缺乏商量和沟通，竟然多花了五倍的价钱买了一件双方都看重的作品，而导致这种后果的罪魁祸首竟是夫妻俩的竞争。可见，夫妻间如果没有沟通和商量，不仅会让经济受损，还会伤害彼此的夫

妻感情。在生活中，倘若夫妻多些商量，不仅能使难事化简、事半功倍，而且能增进彼此间的感情，实为一举两得。

这对老夫妻已经携手经历了60年的风风雨雨，在平凡的油盐酱醋中，演绎着他们的风雨真情。每天，两位老人手挽手在社区的公园里散步，有说有笑，这一幕让小区里的其他居民都感到无比羡慕和幸福。

这对老夫妻就是刘贵和程素夫妇，刘大爷今年已经91岁高龄了，而程奶奶也已经80岁了，膝下有7个子女。他们结婚60年来，虽然经历了风风雨雨，但是岁月并没有冲淡彼此的感情，不管是买菜、做家务，还是晨练，两位老人总是同进同出。"年轻时，我们受过苦，分分合合很多次，所以现在生活条件好了，年纪也大了，更加要珍惜现在的时光。"程奶奶颇有感触地说。

两位老人虽然年纪大了，但是身体都还算硬朗，而且性格都很开朗，和四周的邻居，无论年纪大小，两位老人都能与之和睦相处。在家里，他俩分工明确，程奶奶的腰腿不好，扫地拖地这样的家务都是由刘大爷做，而烧饭炒菜则都是由程奶奶一手包办了。前年，程奶奶患了小中风，一下子就卧床不起，虽然有子女的照顾，但是最辛苦的是当时年近90岁的刘大爷，他不但成了程奶奶的保姆，更是她的精神支柱。为了让老伴能够重新站起来，刘大爷每天扶着程奶奶在床边练习走路，一步一步，一天一天，现在程奶奶已经可以自由地上下楼了，程奶奶说："这是老伴鼓励我的功劳，如果没有他，我身体不可能康复得那么快。"

他们不但生活上相互照顾，而且还特别有情趣。每天早上5点半，夫妻两人都早早起床，一起下楼去晨练，锻炼一个多小时后，再一起到市场去买菜。老两口寸步不离的身影，邻居们看到了总是说，要是老了能像刘大爷和程奶奶一样健康幸福就好了。而刘大爷和程奶奶也常向人说，夫妻和睦之道其实也蛮简单，那就是大小事情都有商量。

有人比喻夫妻要像筷子一样地位平等，长短相适。这个比喻很是恰当和形象，筷子长短相当，彼此独立又必须相互支撑、相互协调才能发挥作用，缺少一根便不再是完整的一双筷子，夫妻亦然。夫妻要像筷子一样目标一致，互帮合作，配合默契，才能有所"收获"；夫妻要像筷子一样冷热不惧，软硬不辞，甘苦与共，苦辣同纳，才能获得长久的幸福；夫妻要像筷子一样方圆相接，灵巧应变。筷子上方下圆，所以才让握筷的人手法自如，顺利夹起食物。夫妻在一起，同样需要这样的艺术，有方有圆——既要坚持原则，又要学会接受、欣赏和赞美对方，彼此取长补短、相互协调、共同进步。

5. 婆媳难相处，巧妙来协调
——处理婆媳矛盾，巧妙地说

我国自古就流传着"十对婆媳九不和"，"百年修得同船渡，千年修得同枕眠，万年修得好公婆"的谚语，形象地说明了好的婆媳关系来之不易。但又是每个女性和男性都必须要面对的问题，如何才能修得一种好的婆媳关系呢？这还需要我们下一番功夫去"苦心经营"才能"修得正果"。

常言道"家家有本难念的经"，其中一本就叫"婆媳经"。俗话说："婆媳亲，全家和"。婆媳关系，向来是家庭关系中一个永远不可避免的话题，千百年来，婆媳矛盾一直是女性走入婚姻围城的第一大心病，也是让身为人子、人夫的男性最为头疼的问题。作为婆媳关系的三方主要人物：婆婆、儿媳妇和丈夫（相对于妻子而言），应怎样正确处理这种关系呢？

　　小芳、小文的孩子四个月大了。小文想："能不能将自己的母亲接到北京来？可以帮忙看看孩子、看看家。"于是和妻子商量。小芳觉得也好，自己和婆婆没有在一起生活过，应该不会有什么矛盾。

　　婆婆初来时，一团和气。

　　随着时间的推移，婆媳在不经意间慢慢出现了一道道裂痕……

　　小芳喜欢吃蔬菜，主食常常是点缀。而婆婆喜欢吃馒头，一顿饭吃下来，菜几乎不动筷子。小芳说："妈，您多吃点菜，菜有营养。"婆婆说："还是吃馒头好，菜多贵啊！再说，营养不营养的，我都这把年纪了，吃饱了不饿就行。"小芳听了觉得心里很不是滋味——好像是自己不给她吃似的。

　　小芳不但早晚刷牙，每顿饭后也习惯再刷一次。婆婆自打孩子来了以后，就像模像样地刷了两天牙。打那以后，婆婆的牙刷就没有见过水。更令小芳难以容忍的是婆婆便后不洗手，还用那样的手去淘米、和面，想起来就恶心。

　　婆婆没有文化，也没什么爱好，只能逛街打发时间。她想起一招——捡破烂。自此以后，家里的阳台上堆满了空酒瓶、矿泉水瓶；婆婆的床底下塞满了旧报纸、小广告、破包装盒……家里简直成了垃圾站。

　　看着这些破烂儿，闻着家里异味的空气，小芳终于忍不住了，趁着婆婆还没回来，她跟小文大吵了一架："要么让你妈回老家去；要么她以后别再倒腾这些破烂玩意儿；要么我带着孩子回娘家住，你和你妈过吧，总之一句话——这样的日子实在没法过下去了！"

　　这时，婆婆又提着大包小袋回来了。小文耷拉着脸冲母亲喊道："您这是干什么？整天弄得家里像垃圾站似的！我们又不是养不起您！"

　　婆婆扭头看了看儿媳，转脸对着儿子说："我不偷不抢，挣点钱贴补家用也有错吗？起码我不再用你们养活！哦！现在孩子给你们看大了，你们就开始嫌弃我，我还不伺候了，明天我就走。"

婆婆走了，家里又恢复了原来的状态。虽然生活依然，但裂痕不那么容易填平……

其实从故事中我们可以看出，小芳和婆婆原本都是出于好心和好意，想让对方过得更好、更幸福，但由于缺乏正确、有效的沟通和交流，不但没有解决矛盾，反而导致了最终的"曲终人散"。如果婆媳双方多一些包容，多一些沟通，小文作为儿子和丈夫，多在母亲和妻子之间做些思想工作，这些矛盾是很容易化解的。

那么，究竟怎样做才能"经营"好婆媳关系呢？下面几点建议仅供参考：

给儿媳的话：

1. 在婆婆面前要体现对老公的关爱，不要在婆婆面前使唤老公；

2. 孝敬婆婆是应该的，让婆婆知道你很爱她；

3. 在婆婆面前多说老公的好话，以商量和请教的语气和婆婆说话，不要对婆婆说不恭敬的话语；

4. 要时刻站在婆婆的一面，如果老公与婆婆之间有了矛盾，一定要批评老公，安慰婆婆，一定要让婆婆知道你是和她站在一边的，这样她会更理解和支持你；

5. 不要在婆婆面前和老公过分亲热；

6. 要让婆婆觉得你是她的亲女儿，怎样对自己的妈妈就怎样对婆婆，在自己妈妈面前可以有些撒娇耍脾气，但对婆婆要注意把握分寸；

7. 不要总向老公告婆婆的状，那样只能增加老公的烦恼，试着自己去和婆婆沟通；

8. 对婆婆有什么意见，一定要当面说清楚，切忌向左邻右舍、亲戚朋友宣扬，民间有这样一句俗语"捎东西越捎越少，捎话越捎越多"，婆媳矛盾，在亲朋邻里之间传来传去，就会面目全非甚至无中生有，这只能使矛盾愈演愈烈；

9. 学会换位思考，想一想自己将来也有可能为人婆婆。

给婆婆的话：

1. 婆婆不能以长辈自居，倚老卖老，对儿媳呼来喝去，要以平等的身份与儿媳说话和处事；

2. 儿媳过门后，婆婆对儿媳应该像对自己的亲女儿一样，不要想她就是来伺候你的；

3. 婆婆要多体谅儿媳的处境，做儿媳的好帮手；

4. 儿媳如果有错，婆婆应当面教导和纠正，切忌向儿子打小报告或和街坊四邻说长道短。

给身为人子人夫的男性的话：

男人在婆媳关系中扮演着"中介"角色，男人作为母亲的儿子，妻子的丈夫，对婆媳双方的性格及心理特点最为了解。因此，男人在婆媳关系中起着非常关键的"枢纽"作用。男人要及时帮助婆媳进行心理沟通。通过这种"代理沟通"，婆媳间可以更轻易地消除心理屏障，增进彼此的感情；婆媳之间一旦发生矛盾，男人更应该做好"疏通的纽带"。由于婆媳间既缺少母子间的亲切，又没有夫妻间的亲密，因而"系扣容易解扣难"，这时就需要通过男人从中周旋，来消除婆媳彼此的心理屏障。公平是男人处理婆媳关系的法宝，处理婆媳矛盾，男人需要很多技巧，但公平是亘古不能改变的准则，只要把着公平的天平，并且让双方做到心里平衡，才能将大事化小，小事化了！

6. 好孩子需要耳濡目染和点滴积累
——培养孩子好习惯的话，要身体力行、坚持不懈地说

孩子是父母的未来，是人类明天的太阳，而托起这轮红日的人不是别人，正是孩子的父母。如果父母真的爱自己的孩子，就要让他们成为真正的太阳，在地球上发光发热，这就需要教育和培养他们用好的习惯武装自己的头脑，磨练自己的意志，点缀自己的品质。

今天是一个需要优秀品质和优良习惯的时代，一个成功的人不仅需要知识，更需要良好的品质与习惯，否则终将为社会所淘汰。今天的孩子们，作为21世纪的主人，必须满足时代的要求，响应时代的召唤，接受时代风雨的洗礼。父母们都望子成龙，望女成凤，因而教育是每一位父母义不容辞的责任。孩子的心灵就是父母的一块宝藏，等待去发掘；孩子的心灵就像一块未曾雕琢的璞玉，等待去塑造；孩子的心灵如同一张绘图纸，等待去描绘。俄罗斯著名的思想教育家乌申斯基说："人的好习惯就是在银行里存入了一笔钱，你可以随时提取它的利息，享用一生；一个人的坏习惯就好像欠了别人的一笔高利贷，老在还款，老是还不清，最后逼得人走入歧途。"如果孩子点点滴滴接受的都是良好的熏陶，他就会茁壮、健康地成长；如果他被不良的恶习所沾染，那势必枯萎甚至凋零。

陈鹤琴先生说："人类的动作十之八九是习惯，而这种习惯又大部分

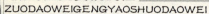

是在幼年养成的。所以，幼年时代应当特别注意习惯的养成。"培养孩子良好的习惯要从一点一滴的细节抓起。当这些点点滴滴逐渐形成一种自觉的行为时，就是一种习惯养成了。所以，父母要从生活点滴入手，注意自己身体力行，给孩子起到榜样的作用。从某种意义上说，细节决定着成败。

加加林为什么会成为人类第一个踏上月球的宇航员？他原来只是个替补。在几位候选宇航员参观飞船时，只有加加林在走进飞船时脱去了鞋子。飞船的总工程师认为他最爱惜自己的劳动成果，便力推加加林。可以说，就是因为这个细节，使他获得了成功。

小玲的女儿非常爱听妈妈讲故事，于是小玲就想到了以此作为纽带，来给孩子灌输好的思想观念，从而从小培养孩子的优良品质。她经常给女儿讲一些富有教育意义的小故事，潜移默化地对她进行教育，比如：《孔融让梨》、《白雪公主》、《目莲救母》、《神笔马良》等等，另外还经常教她唱一些儿歌，像：《互相帮助》、《弟弟摔倒我扶起》、《让座》、《自己的事情自己做》等等。

丽珠非常注重言传身教、身体力行地教导孩子。记得有一次，他们一家3口人去公园玩。坐公车的时候，丽珠抱着女儿坐一个座位，爸爸坐一个座位。车到了某个站时，上来一位老奶奶，爸爸马上站起来把座位让给了老奶奶。于是丽珠利用这个时机对女儿说："年轻人要知道疼爱和照顾老人，因为他们年纪大了，身体不好了，站着会很累，车晃也容易摔倒。你以后如果看到有老人没有座位，也要像爸爸一样让座给他们，知道吗？"女儿会意地点点头。

后来，在他们一家又出去的时候，女儿会时常主动把座位让给老人或抱小孩儿的人。每当遇到这种事情，丽珠都会及时地表扬女儿是最棒的乖孩子！

好的习惯不是一朝一夕所能成就的，正如荀子在《劝学》中所说："不积跬步，无以至千里，不积小流，无以成江海。"好的习惯需要点点滴滴、日积月累。父母对孩子要从一点一滴抓起，并且坚持不懈、持之以恒地进行督促和指导。生活中每一个细节都可能存在着教育的机会，如：饭前便后要洗手、看电视不宜时间过长、不乱扔果皮纸屑、不踩踏花草、不折树枝、爱护小动物等等。但孩子是需要父母肯定和赞扬的，当他做对了一件事，或做了一件好事，不要等他自己过来邀功，父母一定要及时给予肯定和鼓励，切忌不把孩子的事当回事。久而久之，孩子就会把这些行为逐渐发展成一种好的习惯了。

那么，孩子都需要培养哪些好的习惯呢？下面列举几项供家长朋友们参考：

1. 良好的饮食习惯

定时定量，细嚼慢咽，吃饭时不说话，不挑食，不偏食，少吃零食，不边走边吃，少喝饮料多喝白开水，不吃过期食品，不浪费粮食。

2. 良好的运动习惯

每天至少运动一小时，认真完成每一次的练习，全面锻炼身体各部分机能，常到大自然中去，循序渐进做运动，做好运动前的准备活动，经常散步，积极参加体育比赛。

3. 良好的行为和做人习惯

积极自信，孝敬老人，勤俭节约，持之以恒，守时惜时，诚实守信，不给别人添麻烦，善待他人。

4. 良好的学习习惯

提前预习，专心听讲，及时复习，爱提问题，及时改错，认真审题，勤动手，勤动脑。

5. 良好的礼貌习惯

进别人的房间要敲门，使用礼貌用语，用双手接递长辈的东西，坐有坐相站有站相，礼貌待客，不乱翻别人的东西，不随便打断别人的谈话，在公共场所要安静，见到熟人主动打招呼。

6. 良好的卫生习惯

饭前便后洗手，早晚刷牙，每晚洗脚、洗袜子，手脏了及时洗，不随意席地而坐，常换衣服常洗澡，不随地吐痰，不乱扔垃圾，随手整理好用具和衣物。

7. 良好的安全习惯

遵守交通规则，不玩水和火，遵守公共秩序，不猛追猛跑，右行礼让，有自我保护意识，不做危险动作，离家、离校要向家长或老师打招呼。

8. 良好的劳动好习惯

自己的事情自己做，家里的事情主动做，别人的事情帮着做，按操作规程劳动，学会合作劳动，劳动中注意自我保护，找窍门探索巧干，劳动结束后整理现场，爱护和珍惜劳动成果。

7. 孩子虽然会犯错，也需要自尊
——批评孩子的话，需及时且尊重地说

作为未成年的孩子，必然存在各方面的缺点和不足，会犯错甚至闯祸，这并不可怕，可怕的是父母不能用科学的方法及时纠正和教育孩子。孩子身上有了缺点或犯了错误，父母只要运用科学有效的方法给予及时教导和纠正，光明而美好的前途就摆在孩子的面前。

孩子在成长过程中，难免犯这样或那样的错误，这时家长必须及时站出来给予批评教育，否则，放任自流，后果就会不堪设想。

丁丁有个会变魔术的叔叔，他也向叔叔学了点儿变魔术的本事。有一次，妈妈让丁丁到菜市场买点儿菜，他趁人不备，顺手牵羊"拿"了两个鸭蛋。回到家里，他兴奋地从口袋里拿出鸭蛋向妈妈炫耀自己的身手。妈妈感觉是偷的虽然不好，不过这件事并不是什么大不了的事，孩子只不过是拿了两个鸭蛋而已，于是仅仅对丁丁说："拿别人东西多危险，被人发现了怎么办？以后不许干了！"对丁丁犯的错误，妈妈不但没有进行批评教育，晚上还把鸭蛋当成"战利品"让儿子享用。

没过多久，丁丁又偷了一只烧鸡，妈妈又想一只鸡也没什么了不起的，就仅仅口头说了说孩子，仍然让孩子把烧鸡吃了。

当丁丁因为偷盗电子游戏机被警察带走时，妈妈泪流满面，她万万没想过，把孩子一步一步带入犯罪的不是别人，正是她这

位只知溺爱孩子的妈妈。

教育家徐特立曾说过："今日的儿童转眼即成青年，稍不注意就难补救了。"刚开始，孩子只是"拿"了鸭蛋和烧鸡，其实他自己可能都没想到这就是偷，觉得仅仅是练练身手，玩玩刺激而已。但妈妈对孩子所犯的错不但没有进行教育和处理，反而让孩子把鸭蛋和烧鸡吃掉了，这就在无形中助长了孩子的气焰，以致到后来他变本加厉，终成犯罪。正是妈妈的"助纣为虐"、姑息纵容才把孩子一步步推向了犯罪的深渊。

在生活中，很多父母会认为，孩子犯了小错可以不闻不问，犯了大错再加以批评矫正。这是非常错误的观念，要知道"千里之堤溃于蚁穴"，"勿以恶小而为之"的道理。再微小的错误，也折射出孩子的态度和价值观出现了偏差，如果不及时予以纠正，往往会酿成大祸。

那么，当孩子犯下错误时，父母又该如何予以批评、教育呢？批评和教育孩子务必讲究语言、技巧和策略的把握，不能不分轻重，孩子是有自尊心的，我们批评教育孩子绝不能伤害到他们的自尊心，如果我们在教育儿童时忽视他们自尊心的存在，常对他们批评指责，甚至打骂，不注意给孩子留"面子"，不仅达不到教育目的，反而会大大刺伤孩子的自尊心，激起孩子的逆反和憎恨心理，促使孩子养成报复、自卑的不健康心理。这就需要家长朋友们学习一些语言技巧和青少年心理学方面的知识。

一天下午，一个不足十岁的小学生不听父母的话，放学后独自到一片树林里玩耍。

天黑了，这个胆小的孩子还没有走出树林，他怕遭到野兽袭击，就爬到一棵大树上躲了起来。父亲见孩子很晚还没回家，就沿孩子放学回家的路去寻找，在一片树林里，借着天空那微弱的星光，父亲隐约看见儿子正躲在一棵大树的树杈上。父亲没有马上喊儿子下来，而是假装没有看见，吹着口哨在离儿子藏身的大树不远处溜达。儿子听到父亲的口哨声好像遇到了救星，马上从大树上溜下来，吃惊地问："爸爸，你怎么知道我在这片树林里呢？""我是独自散步，没想正碰上你在树上玩耍呢。"据说这个孩子长大后进入军官学校深造，毕业后成了一名作战勇敢的将领。

故事中的父亲不仅没有因为孩子不听话而劈头盖脸地批评孩子，而且没有直接表明自己是特地来找孩子的，而是设计了一场"邂逅"，从而巧妙地照顾和维护了孩子的自尊心，所以成就了孩子以后的成功。但现实生活中，不注意保护孩子自尊心，导致孩子最终失败的现象也是司空见惯的。

小明的成绩一向都不错，但这次由于准备不充分，所以只考了68分，比平时差了一大截。他把成绩单交给爸爸时，爸爸一下火了："你是怎么搞的？怎么这么不争气？才考这么点分！你真是个废物，以后还能成什么大器？"

后来，小明因为时常得不到爸爸的鼓励，成绩直线下滑……

美国有关教育部门经过研究评估后认为对孩子打击最深、伤害最大的话就是："笨蛋！看你那熊样！""我看你没救了！""你再学也是那样！""把你的嘴闭上！"等等训斥的话。这样的批评，久而久之，一个本来不错的孩子，会在一片指责声中，失去原有的上进心和自尊心，最终跌落谷底。"树怕伤根，人怕伤心"，自尊心是孩子成长的精神支柱，是孩子积极向上的基石，但是孩子的自尊心需要父母去呵护、去尊重。作为一个合格的父亲或母亲，应该用一颗爱心、耐心和恒心去保护孩子的自尊心，只有这样才能激发和调动孩子的自觉性、积极性，进而让他们不断克服缺点，改正错误，逐渐完善自我，成为一个身心健康和对社会有用的人。

8. 要学会给孩子戴高帽子
——赞美和夸奖孩子的话，适度地说

"良言一句三冬暖，恶语伤人六月寒"，鼓励和赞美是催人奋进的战鼓，让人精神抖擞、奋勇向前。父母给孩子最好的精神补品就是鼓励与赞美，这也是比其他任何物质奖品都珍贵和有价值的礼物。

人类行为学家约翰·杜威说："人类本质里最深远的驱策力就是希望具有重要性，希望被赞美。"这在心理学意义上源于个体渴望得到尊重、渴望得到认可的精神需求，一旦这种精神需求得到满足，人就会充满自信和动力。

父母的一句鼓励和赞美，可以让孩子增强自信，内心产生进取的动力，这比十句批评数落的效果要强百倍。为了让您的孩子成为"人中龙凤"，每位父母都应该谨记：请不要吝啬您的鼓励和赞美，送孩子礼物，就送鼓励与赞美。

美国的父母就非常注重对自己的孩子和别人的孩子进行赞美和表扬，这在美国已经形成一种社会风气。

在餐馆用餐，当5岁的汤姆将自己盘中的食物吃得干干净净的时候，汤姆的爸爸妈妈非常开心地对他说："宝贝，你今天可真棒，把晚餐吃得干干净净的。"而吃完饭出门时，当汤姆一人跑过去用力地推开门时，旁边的一位老先生微笑地对汤姆说：

"小伙子，你可真能干！"汤姆晚上睡觉了，他安静地躺下，和爸爸妈妈道了晚安，爸爸妈妈对他说："今天你的表现非常好，晚安！你一定会做一个好梦的！"

在美国，孩子的父母几乎每天都在对自己的孩子说着这些赞美的话语。对于别人的孩子，他们同样也用这样的言语去赞美他们。

家里朋友聚会，两个不到3岁的小男孩在客厅里玩耍，玩到尽兴处，竟拿着水枪往大人身上、屋里四处喷水。其中一个男孩的妈妈厉声呵斥："快停下，怎么这么没规矩？"妈妈"呜哩哇啦"地喊了一通，两个孩子正玩得刹不住车，就像没听见一样，继续"打水仗"。

这时另一个男孩的妈妈拍了拍手，说："我知道琳达和比德都是好孩子，知道在屋里不能乱喷水，看看谁是好孩子先停下来？哎，看琳达是不是最听话啊？快，比德也不能落后了。"比德犹豫了一下，还想喷，结果琳达抢先放下水枪，大叫："耶，我胜了，我是好孩子了。"比德也赶紧放下水枪。这个妈妈马上奖励："都是懂事的好孩子，来，阿姨领你们出去玩。"两个孩子高高兴兴地跟着上了电梯，客厅里终于安静了下来。

这就是孩子，表扬的力量总比批评的力量大得多。所以，父母面对孩子，要多多鼓励和赞美，这在孩子的教育上往往能收到意想不到甚至事半功倍的效果。

拿破仑·希尔的名字几乎家喻户晓。他是世界上著名的励志成功大师，他创建的成功哲学和成功原则激励和鼓舞了世界各个领域、各个角落的人，因此他被称为"百万富翁的创造者"。

拿破仑·希尔很小时母亲就去世了。有一天，他的父亲把继母领回了家。当这位陌生的女子进入家庭的那一天，拿破仑·希尔很担心她对自己的态度，就双手交叉着放在胸前，直立着凝视她，没有丝毫欢迎的表情。

父亲对继母说："这就是拿破仑，是希尔兄弟中最坏的一个。"拿破仑·希尔永远不会忘记他的继母是怎样对待父亲这句话的。她把双手放在拿破仑的两肩上，温和慈爱而坚定地看着他的眼睛，说："这是最坏的孩子吗？完全不是。他恰好是这些孩子中最伶俐的一个，而我们所要做的一切，无非是把他所具有的伶俐品质发挥出来。"

那一刻，拿破仑·希尔意识到自己将永远有一个亲爱的人。在以后的日子里，他愿意听从继母的教导，在继母的激励下，他努力去追求，做出伟大的成就，成为一个成功的人。

人，是一种喜欢被别人鼓励、被别人赞美的动物。心灵如玻璃般脆弱的孩子们，更需要父母的呵护与赏识。爸爸、妈妈一个鼓励的眼神，一句赞美的话语，就像是一颗自信、自强的种子，播撒在孩子的心田，伴随孩子苗壮而健康地成长。

在"赞扬教育"、"赏识教育"备受人们推崇的背景下，有很多家长认为对孩子的赞扬是多多益善、越多越好，所以不分场合、不分时机、盲目地对孩子大加褒奖和赞扬，殊不知，赞扬这东西就像珍馐美味一样，"不合理地进食"或"大吃特吃"也会"反胃"甚至"呕吐"，赞美和表扬运用不得当，往往会适得其反，引起孩子的"不良反应"。

梁杰就是这样一位母亲，她经常慷慨地对女儿进行赞扬。女儿今年10岁了，上小学三年级。各方面的表现都很不错，而且特别嗜好和依赖表扬。在家里，不管她做什么事情，如果梁杰或老爸不及时给予表扬，她就会非常不高兴，情绪一下子就从山顶跌入山谷。久而久之，梁杰发现，如果不表扬女儿，她干什么都索然无味。因此，他们摸准了女儿的脾气，平时动不动就表扬她，哪怕只是一件微不足道的小事，或者是芝麻绿豆大点的成绩也大加褒扬。现在，习惯了得到赞扬的女儿，根本无法接受一点点善意的批评。在学校里也是如此，明明粗心做错了题，老师点名提醒她，她的反应就异常的激烈，有时候甚至哭鼻子。这让梁杰夫妇非常伤脑筋："难道是平时我们对她的表扬太多了？我们这样无原则地、没完没了地表扬会不会最终害了她？这可怎么办呀？"……

当前，很多家庭都只有一个孩子，父母们都把孩子当成"掌上明珠"一样呵护备至。因此，无形中父母总会对自己的孩子赞扬甚于批评，这与教育上所倡导的"赏识教育"在目标上是一致的，但在教育结果上却是南辕北辙。那么，怎样的赞扬才是恰到好处，才能收到预期的教育效果呢？

1. 最好不要使用物质奖励的手段。物质奖励会使孩子过早地贪恋物欲，一旦养成习惯，如果没有物质性刺激，孩子就会很难接受教导，从而停止进步。

2. 赞扬要先密后疏。在孩子形成一个良好习惯的初期，父母的赞扬要及时、经常，父母一旦发现孩子进步了，一定要抓住时机，多些赞扬。逐渐地，等到孩子在赞扬声中业已养成了好的习惯，就要减少赞扬的次数，并且要把握好赞扬的节奏，才能充分发挥赞扬的作用。

3. 切忌赞扬过度。父母赞扬孩子时，把握好轻重。有些父母为了鼓励孩子，对孩子的赞扬太过夸张和张扬，这会让孩子产生骄傲自满或过分依赖赞扬的心理。对孩子的赞扬一定要适度，掌握好"火候"。

4. 赞扬要具有明确的目的性和方向性。当孩子的某些言行得到了父母的认可和赞同，父母为了强化孩子的成绩，在赞扬孩子的同时，要有意识地教导孩子这样做为什么可取？将为孩子带来怎样的积极影响？让孩子明白了自己受赞扬的原因，即使父母以后不再对其加以赞扬，孩子也会自觉地把这种好的言行继续保持下去。

5. 不要总用陈词滥调。日复一日地总是用老一套孩子都耳熟能详的词语来赞扬孩子，效果会好吗？他们可能都听腻了、听烦了！赞扬本身不是目的，它应该让孩子感到一种真实感，父母是真的对他们的进步予以了关注，父母内心的满意与口头上的言语必须一致。当然，父母也不必过分注重辞藻华丽，简单朴实、真挚坦诚、自然直接更能让孩子接受和认同。

6. 公开场合的赞扬。有时候，父母让孩子在亲朋好友或大众面前展示他们的优点，并适时给予赞扬，会收到非常好的效果，这会引发他们的荣誉感，增强他们的自信心和自尊心。当然，这种赞扬一定要有分寸，不要让孩子感到不自在、不舒服。

9. 孩子有很多话需要倾诉，父母应多聆听孩子的心声
——孩子心里的话，鼓励他大胆地说

每个孩子都是天才，都是降临在世间的天使，他们的心灵有时候很脆弱，脆弱得像一面湖，一颗小石子就可以激起涟漪，脆弱得像一张纸，轻轻一触即会破裂，所以，有时孩子为避免受到心灵伤害，会封闭自己的心灵之窗，那么，其中有很多话就会被封存起来……

每个孩子都有他内心的独白，这些内心独白，有的是说给他们自己的，有的则是说给父母的，但由于种种因素，他们只能把这些话憋在心里，这有可能对孩子产生非常不良的影响。所以，父母应该尽力创造条件和机会，通过引导和鼓励，让孩子把这些话大胆地说出来。

有一次，一位励志讲师在课堂上给孩子们分享一堂叫作《人生价值》的课程，一个叫悦悦的12岁小女孩站起来说："听完这个故事，我很有感触，我想说的是人生的价值，不在别人的口中，而在自己的心中。"

听完她说这句话，讲师的内心不由为之一震，在成人的课堂上，他曾经与很多的家长、老师分享过同样的课程，每个人都会有所感悟，但他从来没有发现过有一个人能悟得这么深，这么有见地，而且她只是个12岁的孩子。

只要父母能够停下忙碌，静下来倾听一下孩子的心声，就会发现：其实每个孩子都很可爱，都很优秀，都很卓越！每个孩子都是天才，只是等

待着有人去发现和发掘而已。然而，很多时候，父母们都在忙于自己的事，根本无暇顾及孩子的内心世界，其实他们心里有很多话需要向父母倾诉，希望得到父母的理解、共鸣或支持。家长朋友们，请不要因为自己的疏忽和忙碌，而耽误了您孩子的成长，很多话憋在孩子心里，越积越多，会让他们幼小的心灵不堪重负的。

下面听一听这些孩子们的心里话吧。

"妈妈在我期终考试时，话特别多，每天从单位回到家，刚换上拖鞋，便询问我复习得怎么样。吃晚饭时还不停地唠叨。可是放了暑假后，她回来就忙这忙那，没有一点想跟我聊聊的意思，好像一下子变得无话可说了。"一位叫思悦的初中女孩用这样的抱怨，道出了她暑期遭遇的困惑。

其实，很多学生对暑假生活都有不约而同的感受："太乏味了！父母与我们的交流沟通太少了。"一位曾想在暑期好好同父母"处一处"的初二男生，说起眼前的暑期境况，也不免有些神色黯然："爸妈一回家就是烧饭，洗衣服，没有时间和我交谈。每当我一开口，他们便会让我一边去，少说废话，别耽误干活。我实在想不出什么办法让父母听听我的想法。"

还有一个初中毕业生，前些时候一直为升学考试而忙碌，如今总算考上了重点高中，父母感到非常满意，暑期为他开"禁"：可以每天看电视，并给他每天30元的零花钱，但就是严禁他走出家门。近日来，他电视是看了不少，但也觉得非常无聊、乏味。事实上，他更渴望父母回家后，能和他多说上几句话。可是，每当他要开口时，父母总会说："小孩家，话这么多干嘛？"于是，他与大人交流的权利就这样被剥夺了。"妈妈非常清楚我喜欢吃什么菜，喜欢穿什么衣服，但却不知道我在暑期里需要什么。按理说，暑期有的是时间让我们彼此交流和谈心，可是直到现在，我们除了一块吃饭以外，几乎没有机会深谈。"

上述几个孩子的话，听起来很让人忧心，其实孩子最需要的并不是多少好吃的、好玩的，而是来自父母心灵的关爱，这种关爱是再优越的物质给予也无法替代的，它是一种心与心的碰撞和共鸣，它需要父母放下家长的身份，拉近与孩子的心理距离，真正走进孩子的心田。

某些时候，孩子可能慑于家长的威严，迫于各种压力，基于各种因素，不能直接面对面地向自己的父母诉说自己的心里话，即使父母想了解他们的内心世界，也存在诸多阻碍，这种情况下，单单依靠父母的引导和鼓励是不够的，还需要借助心理辅导机构或心理专家，通过他们的指导和帮助，采取一些必要的手段和措施，来"引出"或"套出"孩子的心里话，让父母从侧面了解他们的内心世界。

最近，南星街道水澄桥社区"多乐园"儿童健康指导中心内，"种"上了一棵"倾情树"，专门用来倾听孩子们的心事。

说起设立"倾情树"的初衷，南星街道计生科科长彭燕说："树是'十年树木，百年树人'的象征，儿童是祖国的未来，是需要我们呵护的花朵，他们的心理健康也是我们关注的重点问题，'倾情树'就是为儿童开设的一个说说心里话的空间。当孩子不愿意面对面和父母交流时，任何时候都可以将自己的愿望、苦恼、快乐写在卡片上，然后悬挂在倾情树上。"

幼儿园的老师以及社区的心理医生和保健医生会轮流担任志愿者，定期对这些问题进行回答，也将这些问题的答案挂在树上，便于儿童得到他们所需要的答案。

如今，倾情树上，已经挂了许多小卡片。

"为什么爸爸妈妈要做这么忙的工作，没时间陪我？乐乐。""这个社会是竞争的社会，爸爸妈妈不陪你，并不代表不爱你，爸爸妈妈是为了赚更多的钱让你过得更幸福。爸爸妈妈今后会抽出更多的时间陪你。"这是乐乐和她的父母挂在"倾情树"上的一段心里对话。

"今天妈妈又骂我了，其实她并不知道我所做的好事，就知道骂我，那生我又有什么用呢？苗苗""妈妈肯定是爱你的，今后你可以主动跟妈妈沟通，如果妈妈批评你错了，会向你道歉的！"这是苗苗和妈妈通过"倾情树"进行的一次抱怨与道歉。

"我很爱吃肯德基，但妈妈不让我吃，这是为什么呀？""肯德基是油炸食品，偶尔吃可以，经常吃不利于健康成长的。"……

像"多乐园"儿童健康指导中心采取的这种方式就很有借鉴意义，这是一种父母与孩子进行心理沟通的间接方式，既避免了直接面对面沟通的某些障碍或尴尬（譬如孩子的胆怯、父母因碍于情面无法向孩子道歉等等），也让双方进行了有效的心理交流。

当今的社会，孩子是备受关注的对象，也是各种压力的"众矢之的"，他们幼小而脆弱的心灵承受着各方面巨大的压力，他们其实很累。作为父母，应该学着去做孩子的朋友，在心理上让自己恢复一颗"童心"，以孩子"同龄人"的身份去跟孩子沟通。

孩子的内心语言是他们的希冀和梦想的积淀，有很多可以成为他们进步的动力和努力的参照。作为父母，平时应该多多倾听孩子的心声，了解孩子真正需要什么，把孩子的心里话悄悄记录下来，用这些话去鼓励孩子成长与进步，这比父母告诉他们一万句"应该这样做，应该那样做"效果要好千百倍，因为这是孩子自己的东西，他们很容易接受。

那么，作为父母，应该怎样做才能打开孩子的心灵之窗，让他们主动说出自己的心里话呢？

1. 把自己也变成孩子。

父母拥有一颗童心，像孩子的同龄伙伴一样与他们相处，这一点是非常重要的。童心未泯，才能抛开"大人"、"父母"的身份，像朋友一样去与孩子说话和交往，当你融入了孩子的世界，孩子才可能真正接纳你。

2. 多抽出时间与孩子相处。

要真正了解孩子的内心世界，就要多跟孩子接触，从他们的言行举止中了解他们的思想、好恶、心理需求等等。

3. 不要急于对孩子下指示和命令。

现代的父母由于忙于工作或应酬，在与孩子说话时，往往会急于表达自己的意见或指示甚至是命令，希望孩子能乖乖地照自己的话去做。所以，很多时候父母根本不能很认真地把孩子的话听完、听真，就已经收场了，这会让孩子感觉到与父母相处越来越不舒服，代沟越来越深，沟通越来越困难。

4. 学会与孩子的感受"共鸣"。

当孩子受了委屈或打击、和好朋友或心爱的宠物分别时，他会很伤感，可能会哭大半天，父母在这个时候绝对不能烦他甚至凶他，也不能只是安慰他说"没什么的，坚强一些"，"这其实没什么值得难过的"等等诸如此类的话，这会让孩子觉得父母不近人情，一点同情心都没有，根本不懂他的内心感受。但如果父母这么说："好孩子，很难过吧？我要是你，也会这样的！"相信会有不错的结果。

5. 正确应对孩子的"潜台词"。

每当孩子提出问题时，父母应首先弄明白其真正的含意，并针对孩子的真正需要做回应。比如孩子问："妈妈，您要不要去买菜？"这个问题真正的内涵其实是："妈妈，我想跟您一起去买菜。"假如父母了解了孩子的真正目的，就可以说："是啊！你要不要一起去啊？"孩子听了一定会很兴奋。

6. 尽量避免使用负面意义的语气。

对孩子说话，尽量不要用"我命令你……"、"我警告你……"、"限你在三秒钟之内……"、"我数到一、二、三……否则……"、"你真笨"、"你无药可救了"、"你太废物了"等等带有命令、威胁、谩骂、侮辱性的言辞或语气。

7. 学会经常变换新鲜话题。

跟孩子交谈不要总是"老生常谈"，否则孩子会失去兴趣和耐性。要经常变换谈论的话题，比如："宝贝，猜猜今天我遇到了什么事？""如果有一天，外星人真的来到地球……"等等，肯定会比"今天过得好不好？""在学校乖不乖"更让孩子感兴趣。

8. 经常带孩子到生活实践中去。

社会就是一个大课堂，教育源自于生活。父母可以多带孩子到大自然或社会中去体验生活，让他们观察身边的一花、一草、一木，车子的颜色、造型、品牌，行人的穿着打扮、言谈举止，乞丐的生活状态……并让他们学着对各种事情表达自己的见解和看法。这样，孩子的各种能力会自然而然得到提升。

9. 尊重孩子的隐私，替他保密。

即使对于最亲最爱的父母，孩子仍有属于他们自己的隐私和秘密，特别是青少年时期，作为父母，要给孩子独立的空间，让他们存放自己的隐私和秘密。假如不经意间，父母发现了孩子的某些隐私或秘密，请若无其事，并替孩子保守好秘密，千万不要泄露给外人，否则，有可能极大地伤害到孩子的自尊心，也会让孩子失去对父母的信任。